专家与您手拉手系列丛书

蔬菜病虫害
防治技术问答

刘正坪　主编

中国农业大学出版社

主　编　刘正坪

编　者　张志勇　尚巧霞

内 容 提 要

随着无公害蔬菜栽培面积的不断扩大,病虫害的问题日益突出,科学地进行病虫害防治以及农药的合理使用是当前无公害蔬菜生产中的重要环节。本书以问答的形式介绍了无公害蔬菜生产的概念和生产要求、无公害蔬菜生产的病虫害防治措施、农药科学使用的原则、农药科学使用的基本原理以及各种常见蔬菜发生的重要病虫害的防治方法等。着重描述了各种病虫害危害的典型特征、发生发展规律及相对应的防治方法,尤其对化学防治方法中所应用的各种药剂根据蔬菜无公害生产的要求对其使用剂量进行了科学的定量。

本书适合广大蔬菜生产者、各级农技推广人员参考。

目　录

一、无公害蔬菜生产概述

☞ 1. 什么是"公害"?

公害是指人类在生活和生产活动过程中,对自身环境造成的公共危害。这种危害是与工业革命分不开的,从20世纪60年代后公害的问题显得越来越突出。有些公害可使人畜患上一些慢性疾病,如全身疼痛、畸形、癌症等,其中严重的可使人畜当场死亡。此外,公害还可造成间接危害,如人畜二次中毒、误杀天敌、使生态环境恶化等。

☞ 2. 目前蔬菜生产所遇到的公害有哪几类?

目前蔬菜生产所遇到的公害主要有三类。

(1)农药

①有机磷农药:包括对硫磷、三九一一、甲胺磷等。虽然这类农药有残留量较小、易水解、残留期较短等特点,但仍然存在不同程度的残毒问题。其毒性在于抑制胆碱酯酶,引起呼吸困难导致死亡。轻者引起慢性头痛、记忆力减退。

②有机砷:包括福美胂、稻脚青、白砒等。急性中毒时,引起腹痛、呕吐、咽喉肿大等症状而导致死亡。慢性中毒可引起周身疼痛、恶心、肝大、皮炎等。

③有机氯:包括六六六、DDT等。这类农药理化性质稳定,累积性强,不易分解,残留期长。它不仅污染蔬菜及粮食等作物产品和农田土壤,而且通过食物链又可污染其

他农、畜、禽产品及水产品，并在人体的血液、脂肪及肝脏等器官逐渐累积，严重损害人体健康。

④有机汞：包括西力生、赛力散等。可引起神经麻痹、痉挛致死。

⑤氨基甲酸酯类：如呋喃丹等。可引起行走困难、语言障碍、痉挛及昏迷等。

(2)化肥

严重污染环境的化肥是氮肥。这主要是由于氮肥施用量大、流失严重。它造成的危害主要有以下几个方面。

①污染水体：影响饮用水质，促进水生生物繁殖，加速水质的恶化。

②污染大气：氮肥在厌气条件下可被细菌分解而进入大气，加重大气污染。

③污染农作物产品：最主要的是亚硝酸盐，它是一种有毒物质，可使动物中毒缺氧，患亚铁血红朊症甚至致死；此外，强酸性条件下，亚硝酸能和胃中的含氮化合物（仲胺、叔胺、酰胺等）结合形成强致癌物质——亚硝胺。

(3)其他

①氟化氢：不仅对植物细胞有破坏作用，人体摄入过多的氟，会造成斑釉齿，重则导致慢性氟中毒，形成氟骨症。

②氯气：主要是工业废气，蔬菜受害后，通常叶脉和叶缘组织出现不规则的白色、浅黄色斑，最后可发展到全部漂白、干枯死亡。

③二氧化硫：是对蔬菜生产危害最广泛的空气污染物。当含量达$(0.5\sim1.0)\times10^{-3}$ mL/L时，可使蔬菜受害，叶片产生白斑。另外，食用含硫量高的叶片也会对人体产生危害。

④氰化物：氰为剧毒物，易挥发，对动物杀伤力大。

⑤酚类化合物:使生物体内的蛋白质凝固而导致死亡。

⑥铬:达一定浓度后,影响植物生长。对人体有致癌作用。

⑦镉:若在人体内积累可引起骨疼病,并可致畸、致癌。

⑧酸雨:可直接危害农作物。

⑨含毒塑料膜:地膜和塑料大棚的棚膜释放出的邻苯二甲酸可引起叶片失绿,二异丁酸直接影响黄瓜幼根的发育。

⑩致病微生物:在未处理的食品工业废水、医院污水、生活垃圾及未腐熟的粪便水中,常常携带有大量的致病微生物,用污水灌溉蔬菜,如果采后和食前处理不当,蔬菜就成为病菌进入人体的媒介物。

3. 什么是无公害蔬菜?

从理论上来讲,无公害蔬菜是无公害食品的一类,也叫绿色食品。是指不受有害物质污染的蔬菜,但在现实条件下,完全不受有害物质污染的蔬菜很难生产,只能以相对标准来衡量。因此,无公害蔬菜应该是指在商品蔬菜中不含有某种规定不准含有的有毒或有害物质,而一些不可避免的有害物质则控制在允许范围内,保证人们食用蔬菜的安全,即达到优质和安全卫生标准的蔬菜。

4. 蔬菜的优质和安全卫生是指什么?

蔬菜的优质是指其品质好、形态美、营养成分符合商品卫生要求。安全卫生是指 3 项指标不超标:一是农药残留不超标,并且不应含有禁用的高毒农药;二是硝酸盐含量不超标;三是工业排放的"三废"物质及有害病原微生物不超标。

☞ 5. 开发无公害蔬菜有什么意义?

开发无公害无污染的蔬菜是一项推动农村经济及农业企业经济发展、满足人民需要、治理环境污染、经济效益与社会效益并存的战略措施。

(1)开发无公害蔬菜是保护环境和促进经济协同发展的有效措施

现代工业及城市的发展进步,在促进经济发展和社会进步的同时,也带来了严重的环境污染。食品污染也越来越严重。蔬菜是人们每天离不开的重要副食品,但位于城市郊区的菜田日益受到严重污染,大量受污染的蔬菜被人们食用,严重危害人们身体健康。因此,开发无公害蔬菜不仅是保护环境与保护人类自己的重大举措,而且是推动蔬菜再上一个新台阶的有效措施。

(2)开发无公害蔬菜是我国经济和社会发展的必然

我国第二步战略目标明确提出,在第一步战略目标解决温饱的基础上要实现小康生活水平。这就需要不断提高生活质量,其中食品质量特别是人们天天吃的蔬菜质量更引起广泛的关注。因此,开发无公害蔬菜就成为解决环境污染与提高人类生活质量这一矛盾的突破口。

(3)开发无公害蔬菜是促进蔬菜科技进步的动力

无公害蔬菜开发中,必然要实现先进的科学技术同传统农艺精华相结合,不仅可改革现有的传统栽培与耕作制度观念及生产技术,同时也可避免现代农业产生的许多弊端,坚持走生态农业的可持续发展的道路,达到“两高一优”的生产目标。

(4)开发无公害蔬菜是提高农业生产经济效益的重要措施

开发无公害蔬菜，通过严格的监督和检测，不仅把住了蔬菜污染关，保证了人民身体健康，而且提高了产品档次，增强了蔬菜产品的市场竞争力，更有力地推动农业的发展。

6. 我国现制定的绿色食品有哪些标准和级别？与无公害蔬菜标准和级别有何关系？

按中国绿色食品中心制定的绿色食品标准，绿色食品标准构成内容包括：

①环境质量标准：产地的生态环境质量标准不仅要求符合规定的标准，而且要求有一套保证措施，确保该区域在今后的生产过程中环境质量不下降。

②生产操作规程、产品标准：绿色食品的生产操作规程包括在产品生产（含加工）各个环节必须遵循的规范程序以及农药、肥料等的使用原则；绿色食品产品标准包括质量和卫生标准两部分，其中卫生标准包括农药残留、有害重金属污染和有害微生物污染。

③包装、储藏和运输标准：绿色食品产品的包装、装潢应符合《绿色食品标志设计标准手册》的要求。

该中心制定的绿色食品标准中将产品分为两类，即AA级绿色食品及A级绿色食品。AA级绿色食品系指在生态环境质量符合规定标准的产地，生产过程中不使用任何化学合成的物质，按特定的生产操作规程生产、加工，产品质量及包装经检测、检查符合特定标准，并经专门机构认定，许可使用AA级绿色食品标志的产品。A级绿色食品系指在生态环境质量符合规定标准的产地，生产过程中允许限量使用限定的化学合成物质，按特定的生产操作规程生产、加工，产品质量及包装经检测、检查符合特定标准，并经专门机构认定，许可使用A级绿色食品标志的产品。

这些对绿色食品的要求也完全概括了对无公害蔬菜的标准，绿色食品分级的规定标准也完全适用于无公害蔬菜。

7. 无公害蔬菜的生产和发展有哪些策略？

(1)无公害蔬菜生产基地的建立

城市郊区菜地生态环境(水、土、气)污染较为严重，不符合生产无公害蔬菜的要求。因此，一方面要对城郊老菜区的生态环境进行综合治理，防止“三废”污染，禁止污水灌溉，进行土壤消毒等。另一方面菜区尽量向远郊拓展，选择生态环境好、交通方便的地方作为供应城市商品菜的生产基地。

(2)无公害蔬菜生产新技术的推行

①培育优质高产新品种。提高蔬菜的抗病虫、抗除草剂能力和抗逆性，这样就可以减少栽培中农药等化学有害品的使用量。

②协调蔬菜生长发育与环境的关系。不同蔬菜种类、栽培品种、生长发育阶段对环境因子的要求是不同的，只有协调好每一个生长发育进程与环境的关系，才能保证蔬菜迅速茁壮地成长，在减少化肥、农药施用量的情况下，创造高产。

③推广无(少)农药栽培新技术。栽培中推广以生物防治为主的综合防治病虫害的技术，以减少农药污染；推广有机肥、菌肥、优质叶面肥合理使用技术，以防止肥料的污染。在保护地栽培中要使用新型的易分解无毒或少毒薄膜，以

逐步解决日益严重的"白色污染问题"。

(3)蔬菜贮运加工要严格操作,使之符合绿色食品标准

在蔬菜采后处理中控制使用一些杀菌剂、消毒剂等对人体健康不利的化学制剂。采用机械冷藏、气调贮藏来延缓蔬菜采后的生理生化变化,延长贮藏期,保持较好的品质。在蔬菜加工方面,要在加工设备、加工工艺及包装材料、包装方法上加以研究和改进,尽量少用人工合成的对人体有害的食品添加剂。另外,还要积极研究、开发天然的对人体无害的一些食品添加剂。

8. 无公害蔬菜生产的发展主要受哪些因素制约?

虽然世界上许多国家都高度重视无公害蔬菜的生产,但到目前为止,其生产规模仍然很小,主要是由于下列因素的制约:

(1)影响无公害蔬菜生产的污染源

①工业"三废"污染:主要是指重金属、有毒有害的有机化合物以及有毒气体等的污染。

②农业生产污染:主要指有毒农药和施肥过量等造成的污染。

③产品流通污染:主要指蔬菜产品在包装、运输、贮藏、加工、销售等一系列产后过程中应用的器具、场所以及防腐保鲜使用的有毒、有害物质造成的污染。

(2)影响无公害蔬菜产量和质量的因素

与常规蔬菜相比,提高无公害蔬菜的产量和质量有着更高的要求:

①无公害蔬菜生产要求选用综合性状优良的品种,而

现有的品种大多数不符合要求。

②无公害蔬菜生产禁止过量施用肥料，尤其施用化肥。因此，如果生产者不能根据不同的土壤和蔬菜种类进行科学施肥，往往造成较大幅度的减产。

③无公害蔬菜生产禁止使用有毒化学农药防治病虫害，这就必须选用抗病品种，还要求生产者掌握较高的蔬菜生产技术和综合调控环境的手段，否则就会造成病虫害的大量发生，从而使蔬菜减产。

9. 无公害蔬菜生产对土壤有何要求？

蔬菜对土壤肥力要求较高。生产无公害蔬菜的土壤不仅应满足蔬菜生长发育对土壤环境的要求，而且还应达到允许生产无公害蔬菜的标准。

①以沙壤土或轻壤土为佳，熟土层厚度不低于 30 cm，质地疏松，有机质含量高，腐殖质含量应在 3%以上，蓄肥保肥能力强，能及时供给植物不同阶段所需养分。

②土壤保水、供氧能力强。适于生产蔬菜的土壤三相比例为：固相 40%、气相 28%、液相 32%。土壤含氧量应在 10%以上。

③土壤应具稳温性。土壤温度状况除了对根系直接影响外，它还是土壤生物化学作用的动力，土壤没有一定的热量条件，土壤微生物的活动、土壤养分的吸收和释放等都不能正常进行。温室土壤应有较大的热容量和导热率，温度变化比较平稳。

④无公害蔬菜生产的土壤应卫生，无病虫寄生，不存在有害物质。除此之外，在选择无公害蔬菜基地时，还必须参照绿色食品的执行标准。

☞ 10. 无公害蔬菜生产对水质有哪些要求?

无公害蔬菜生产对灌溉用水的标准,应执行国家农田灌溉水质标准。该标准适用于全国地面水、地下水和工业用水、城市污水作为灌溉水源的农业用水。无公害蔬菜栽培应尽量用地下水,并应符合加工用水质量标准。因为地面水和工业废水的水质很不稳定。

☞ 11. 无公害蔬菜生产对大气环境有哪些要求?

无公害蔬菜生产要求大气环境必须符合绿色食品大气环境质量标准,执行中华人民共和国国家标准 GB 3095—82 所列的一级标准。

一级标准为保护自然生态和人群健康,在长期接触下,不发生任何危害的空气质量要求。种植无公害蔬菜的大气环境应达到一级标准。

二级标准为保护人群健康和城市、乡村的动、植物,在长期和短期接触情况下,不发生伤害的空气质量要求。

三级标准为保护人群不发生急、慢性中毒和城市、乡村的一般动、植物(敏感者除外)正常生长的空气质量要求。

☞ 12. 蔬菜硝酸盐含量的标准是多少? 无公害蔬菜生产对肥料的使用有何要求?

蔬菜硝酸盐含量不得超过 432 μg/kg。

肥料的施用应该符合如下要求:

①种植蔬菜时不应单一使用氮肥,应注意氮、磷、钾肥合理搭配使用。

②蔬菜生长中、后期不得偏施氮肥,应使用无公害蔬菜

专用的 BB 肥、有机肥和其他有机或无机多元复合肥。

③粪肥应经腐熟处理后才能使用，蔬菜接近收获阶段不得使用粪肥作追肥。

④每年蔬菜种植前整地时要施石灰 15～20 kg/667 m^2。

⑤不得使用垃圾肥种植叶菜类蔬菜。

13. 无公害蔬菜种植用地应符合什么条件？

①无公害蔬菜种植地必须远离有“三废”的工厂、医院和生活区。

②不能用曾堆填过垃圾，工业或医院废料、废渣的地块，以及被确定为受“三废”污染的地块作菜田。

③不得使用工业、生活废水等污染的水源作灌溉水。

④排灌系统完善，能够做到灌、排水分渠，避免串灌。

14. 如何申请绿色食品标志？

根据中国绿色食品发展中心的规定，凡具有绿色食品生产条件的单位和个人，均可成为绿色食品标志使用权的申请人。申请程序如下：

①申请人向中国绿色食品发展中心或所在省、自治区、直辖市绿色食品办公室领取申请表及有关资料。

②申请人按要求填写“绿色食品标志使用申请书”、“企业及生产情况调查表”，连同“产品注册商标文本复印件”及省级以上质量监测部门出具的当年产品质量检测报告一并报所在省（自治区、市）绿色食品办公室。

③由各省（自治区、市）绿色食品办公室派专人赴申报企业及原料产地调查，核实其产品生产过程的质量控制情况，写出正式报告。

④由省(自治区、市)绿色食品办公室确定省内一家较权威的环境监测单位(通过省级以上计量认证),委托其对申请企业进行农业环境质量评价。

⑤以上材料一式两份,由各省(自治区、市)绿色食品办公室初审后报送中国绿色食品发展中心审核。

⑥由中国绿色食品发展中心通知申请材料合格的企业,接受指定的绿色食品监测中心对其产品进行质量、卫生检测,同时,企业须按《绿色食品标志标准设计手册》要求,将带有绿色食品标志的包装方案报中国绿色食品发展中心审核。

⑦由中国绿色食品发展中心对申请企业及产品进行终审后,与符合绿色食品标准的产品生产企业签订《绿色食品标志使用协议书》,然后向企业颁发绿色食品标志使用证书,并向社会发布通知。

⑧绿色食品标志使用证书有效期为3年。在此期间,绿色食品生产企业须接受中国绿色食品发展中心委托的监测机构对其产品进行抽检,并履行“绿色食品标志使用协议”。期满后若欲继续使用绿色食品标志,须于期满前半年办理重新申请手续。

二、蔬菜无公害生产的病虫害发生特点与防治措施

☞ 15. 蔬菜病虫害发生特点是什么?

(1)病虫害种类多、发生规律复杂

蔬菜病虫害的发生与蔬菜的栽培制度和栽培环境密切相关。蔬菜作物生产系统具有品种多、茬口复杂、间套种形式多样、栽培制度极为复杂的特点。这些特点导致了病虫害的种类和发生规律也十分复杂。

(2)病虫害的发生、危害重

蔬菜具有相对较高的经济价值,耕作及管理精细,植物营养条件好,病虫害的发生、危害也较重。同时由于许多蔬菜病害的病菌在寄主植物收获后常随病残体在土壤中存活,而蔬菜田又具有较高的复种指数,给病菌的大量繁殖和累积提供了良好的环境条件,也加重了蔬菜病害的危害。

(3)病害的传播和流行快

当前蔬菜品种不断更新换代,不同地区种子交换日益频繁,加快了许多通过种子传播的蔬菜病害的传播和流行。同时,蔬菜在生长发育过程中对水分的要求比其他作物高,菜地经常浇水以保持较湿润的环境条件,这样的环境条件也有利于病害的发生和流行。

(4)害虫发生种类、危害程度的差异大

对于害虫来讲,在同一地区、同一种蔬菜由于在一年中栽培时间不同,一些害虫常暴发成灾。

☞ 16. 无公害蔬菜生产中病虫害防治策略是什么？当前生产中应着重抓好哪几项措施？

目前我国在"预防为主，综合防治"的植保方针指导下，已形成了"以蔬菜为对象，健身栽培为基础，优先采用农业和生物防治措施，科学使用化学农药，协调各项防治技术，发挥综合效益，把病虫控制在经济允许水平以下，并保证蔬菜中农药残留量低于国家允许标准"的无农药污染蔬菜病虫害综合防治技术体系。因此，无公害蔬菜生产中病虫害的防治应贯彻"预防为主，综合防治"的方针，因地制宜、合理运用各种有效措施，进行综合治理（IPM）的策略，这是保证蔬菜的无害化生产，保证蔬菜稳产、丰产，提高蔬菜生产质量的重要手段。

当前生产中应着重抓好以下几方面的工作：

①加强对蔬菜种苗的检疫；

②搞好蔬菜病虫害的预测预报工作；

③综合运用农业防治技术；

④大力发展生物防治技术；

⑤科学地运用物理防治技术；

⑥严格控制化学防治措施。

☞ 17. 对蔬菜种苗检疫的目的是什么？如何加强对蔬菜种苗的检疫工作？

目前，随着种子、果蔬等在国内外市场的流通及频繁调运，危险性有害生物在生产上的传播机会越来越多，某些危险性有害生物已经传入我国并在生产上造成严重危害。如美洲斑潜蝇原来在我国没有危害分布，但从1992年相继在广东、海南部分地区发现之后，现已蔓延至全国21个省市，严重危害瓜类、豆类、叶菜类等蔬菜的生产。另外，番茄的溃疡病、黄瓜黑星病等原本是重要的检疫对象，现也都开始在国内蔓延。因此，对蔬菜种苗检疫的目的是为了防止危险性有害生物随蔬菜的种苗传播蔓延。

对蔬菜生产者而言，引进蔬菜种子、种苗时，应主动请求植物检验检疫部门对引进的种子或种苗进行严格的检验检疫，以确保引进的种子或种苗不带有蔬菜检疫对象的病虫害，并应该严格禁止从疫区引进种子、种苗等材料。

☞ 18. 如何搞好蔬菜病虫害的预测预报工作?

各种蔬菜病虫害的发生都有其固有的规律和特殊的环境条件。如在干旱条件下，菜田易发生蚜虫、白粉虱和红蜘蛛，同时也会导致昆虫传播的病毒病的流行；如遇高湿天气或昼夜温差大，叶片易积累水膜或水珠，作物则易患霜霉病、灰霉病、菌核病等。因此，抓好蔬菜生产，应根据蔬菜病虫害发生的特点和所在地区的环境条件，结合田间调查和天气预报情况，科学分析各种影响因素，准确地对病虫害发生的趋势进行预报，以指导生产上及时做好防治工作。如蔬菜苗期的生理病害，多因温度与湿度过高或过低、营养不足、肥料未充分腐熟等原因引起，进而导致沤根病、猝倒病和立枯病等的发生，对这类病害，要通过预测预报工作，相应采取针对性的措施，将病虫害控制在发生之前或初期阶段。大量实践证明，通过加强蔬菜病虫害的预测预报工作，贯彻落实“预防为主，综合防治”的植保方针，是发展无公害蔬菜生产的有效措施。

☞ 19. 无公害蔬菜生产中如何运用农业防治技术?

农业防治是利用农业生产技术对作物生态系统加以调整,创造有利于作物生长、而不利于病虫害增长繁殖的环境条件,避免或减轻病虫等有害生物对蔬菜生产的危害。这主要包括以下方面内容:

(1)引进、选育和推广抗病虫害的优良品种,因地制宜选用抗病品种

选用抗性品种是防治病虫害经济、有效的方法。选用抗性品种时要注意,作物的抗性表现因地而异,在应用时要因地制宜选用品种,并掌握品种的栽培要点,充分发挥抗性品种的性能和特点。无公害蔬菜生产中品种的选择是重要的生产环节。选用抗病虫品种可以减少病虫的危害,减少农药和化肥的施用次数,从而减少农药在蔬菜产品上的残留量,也减少了生产所需的药剂成本,保证了蔬菜的安全卫生,从而达到无公害要求,获得较好的经济效益和社会效益。另外,对于一些其他方法难以防治的病害,如枯萎病、疫病、青枯病等,选用抗性品种往往是最重要和最经济的方法。

(2)选用无病虫种子,培育无病虫种苗

通过建立无病虫种菜田和苗圃,减少种苗带病或带虫。贮存期的种子必须控制含水量,以防止种子霉变。播种前要对种子进行必要的消毒处理,结合药剂拌种、浸种,也可选择经包衣剂处理的种子。

(3)对育苗场所进行消毒

许多蔬菜病虫害可以通过土壤传染菜苗形成对蔬菜的

侵染危害，为了培育壮苗，必须进行必要的苗床消毒。通常使用溴甲烷熏蒸，对苗床进行消毒处理，或采用石灰、敌克松和福尔马林等作为土传病菌的消毒剂，用毒死蜱、杀虫双等杀虫剂对土传害虫进行消毒处理。

另外，采用营养钵或育苗盘进行育苗也是培育无病虫种苗的一项措施。育苗土必须经过消毒处理后才能使用。

(4)适时播种和移植，加强田间管理

种子在催芽露白后要及时播种，以免造成伤芽。苗期要加强肥水管理，必要时进行炼苗，提高菜苗自身抗性。适时移植，移植过程尽量减少菜苗的机械损伤，保证幼苗成活率。

合理安排茬口，合理进行品种布局，实行轮作、间作和套种。通过调整播种期、提早收获或推迟收获，起到防虫避病作用。合理密植，做好肥水管理，改善田间小气候，使其有利于蔬菜生长，不利于病虫害发生，可减少病虫害的危害。人工摘除虫卵及病虫果实，并将其集中深埋或烧毁，清理田间及周围有害杂草，减轻病虫害对作物的危害。蔬菜收获后及时清理田间病残体，深耕晒垡或引水浸田，有意识地发展有利于有益生物栖息的生态环境，恶化病虫的生存空间，减少病虫害危害概率，提高田间自然天敌的控制作用，等等，都有利于无公害蔬菜生产。

☞ 20. 什么是生物防治？如何运用生物防治技术？

生物防治是通过生物的方法，利用天敌（包括捕食性天敌和寄生性天敌）、生物农药等控制病虫害，使其对蔬菜生产的危害控制在可容忍的损失水平之下，可大大减少化学农药的使用，是发展无公害蔬菜生产的重要措施。

无公害蔬菜生产中生物防治技术的运用包括以下几个方面：

①保护利用田间原有天敌，建立稳定的天敌群落，控制病虫害的发生，包括有益的鸟类、青蛙、蜘蛛、昆虫、螨类、线虫、真菌、细菌、病毒等，创造有利于田间天敌发生的栖息环境，恶化病虫发生条件。

②从外地引进天敌，进行繁殖和释放，以加强对病虫害的控制力度。例如，可引进捕食性螨类防治有害的螨类；在温室大棚内释放赤眼蜂防治菜青虫、烟青虫、棉铃虫；释放丽蚜小蜂防治温室白粉虱等均有一定效果。

③推广生物农药和抗生素类药剂的使用。应用植物病毒弱毒株系 N_{14}、卫星核糖核酸 S_{52} 防治青椒、番茄等蔬菜病毒病；农抗 120 和武夷菌素防治白粉病、炭疽病、叶霉病；农抗 751、菜丰宁防治白菜软腐病；农用链霉素防治细菌性病害；83 增抗剂防治茄果类病毒病等。应用苏云金杆菌 Bt 乳剂防治菜青虫、小菜蛾、菜螟、银纹夜蛾等；采用拟青霉菌防治温室白粉虱；白僵菌防治韭蛆；浏阳霉素防治红蜘蛛；韶关霉素防治蚜虫等。还有一些植物性杀虫剂如印楝素、川楝素，都有较好效果。

④利用植物生长调节剂调节蔬菜的生长发育，促使蔬菜生长健壮，增强抗病能力。合理使用乙烯利、比久、矮壮素、多效唑等植物生长调节剂，可使蔬菜植株生长加快，达到抗病、增产、早熟的效果。

21. 什么是物理防治？无公害蔬菜生产中怎样科学地运用物理防治技术？

物理防治是利用物理因子和机械作用对病虫的生长、发育、繁殖等进行干扰，减轻或避免其对作物的危害，包括光、电、温度、人工去除和机械阻隔等措施。物理防治往往结合在农业防治中，很多方法不能截然分开。

无公害蔬菜生产中所应用的物理防治措施主要有：

①变温处理。利用温汤浸种和变温处理种子，可以杀灭或减少混在种子中或黏附在种子表面的病菌、虫卵等，同时有利于促进蔬菜植株健壮生长。对种皮较厚、干燥的茄子种子、冬瓜种子等的消毒效果显著。在冬季温室育苗中采取低温炼苗，可促使秧苗健壮而抗病。

②利用太阳能、季节温差消毒。夏季高温季节的空茬期，深耕土地，并在地表覆盖地膜，利用阳光曝晒和高温进行表层土消毒，通常处理7～10天即可杀死土表病菌和虫卵，对植物寄生线虫处理的效果尤其突出。露地在秋末冬初耕翻土壤，利用冬季寒冷气候，可冻死土壤中的病菌和虫卵。

③趋避病虫害。银灰色反光膜反射光中带有红外线，对蚜虫有驱避作用，因此可应用银灰色反光膜驱避蚜虫，减轻蚜虫以及由蚜虫传播的病毒病的发生。利用蚜虫、温室白粉虱的趋黄性，在田间设置黄板和黄盘或在温室大棚通风口挂黄色粘着条诱杀蚜虫及白粉虱。在温室通风口或整幢温室上覆盖防虫网，对减轻虫害及由昆虫传播的病害有重要作用。喷施高脂膜，可防止病原菌的侵染，同样可起到防病作用。

④推广蔬菜嫁接技术。通过嫁接，可增强蔬菜植株的抗病能力，是预防土传病虫害的有效措施。例如，可用黑籽南瓜嫁接黄瓜，不仅能抗枯萎病，同时还可兼防疫病、白粉病，而且嫁接的植株耐寒，生长旺盛，易获得优质高产。

22. 什么是化学防治？无公害蔬菜生产中是否要严格控制化学防治措施？

化学防治是利用化学农药防治蔬菜病虫害，通过化学药剂杀死或抑制病虫害的扩展，使其不能蔓延危害，以保证蔬菜生产获得丰收。虽然农药在不同程度上对农作物产品及环境的污染问题已受到人们普遍的重视，但化学防治方法依然是目前蔬菜生产中使用最多、最广泛，而且也是最有效的方法，并且随着科学技术的迅速发展，高效、安全、生态型的农药新品种会不断涌现，化学防治新技术推广和普及，化学防治与其他防治方法的合理结合，会得到更显著的效益。

如何合理使用农药，避免在使用时对蔬菜造成污染，保证蔬菜生产的无害化，是蔬菜无公害生产中的关键问题。

目前，在蔬菜无公害生产中，完全不用农药、植物生长调节剂和化肥还难以做到，但必须严格控制使用，确保蔬菜产品中的有毒残留物质不超过国家规定标准。

23. 蔬菜无公害生产如何合理使用化学农药？

植物病虫害化学防治的核心内容就是农药的科学使用。如何合理使用农药，避免在使用时对蔬菜造成污染，保证蔬菜生产的无害化，是蔬菜无公害生产中的关键问题。

化学农药的合理使用应从以下几个方面考虑：

(1)选择适用的农药品种

农作物病、虫、草、鼠害的种类繁多，各地之间差异也很大，甚至同一种有害生物分布于不同地区，其行为、习性、生理型、生态型也可能不同。它们对药剂的反应及耐药力均会有所变化，甚至在甲地表现很好的防效药剂，在乙地可能效果很差。所以，在选用农药时，必须了解有关防治对象，若未清楚防治对象，可选用小面积试验药剂效果，并把防治对象鉴定清楚，做到防治和鉴定两不误。必须禁止选用高毒、高残留农药，应用高效、低毒、低残留、对人畜和天敌安全的农药，并能够有效防治已清楚的防治对象。注意农药对作物的安全性，在药效较好而对作物容易产生药害时，应衡量得失，看是否有替代品种，并考虑经济承受能力。在选中农药后，必须了解清楚该药的主要性能特点及防治对象特点，然后对症下药，才能收到预期效果。尤其是选择生物农药时，必须清楚若生物农药药效较慢，一般需提前下药，并且要清楚某种药剂使用后多长时间才出现明显效果，否则往往造成重复用药，既加重了经济负担，也加重了环境压力。同一种药剂，可能商品名不同，使用时必须有所了解，有时因剂型不同，使用方法也不同，使用时必须严格参照说明书用药。

(2)选择适当的施药时机

农药的施用要针对害虫、病菌发育的薄弱环节，才能以最经济的用药量，收到预期的防治效果。施药时期应根据有害生物的发育期及作物生长发育阶段和农药品种而定。例如，螟虫类一般应在幼虫的3龄期前用药，过了3龄期害虫已进入暴食期，容易造成严重的损失，且高龄幼虫表皮形成一层硬化物，对药剂有了一定的抗性，不容易杀死。但用药也不是越早越好，疫情未出现用药往往造成不必要的药剂浪费，并造成环境压力。所以，应确定病虫的防治指标，达到防治指标才下药。各地的病虫测报站要作常年监测，发出预报，并对主要病虫害制定出防治指标，如发生量达到防治指标，即应施药防治。

另外，由于病虫害的活动规律不统一，如夜蛾类，往往是夜晚才出来觅食，用药时间应控制在黄昏，这样，可以在害虫活动时杀灭害虫。同时，也必须考虑施药者和作物的安全性，避免在高温时期或作物敏感期施药，以免造成施药者中毒或作物出现药害。施药时，还应考虑田间天敌情况，尽可能避开天敌对农药的敏感期。

(3)选择适当的施药方法

必须充分考虑防治对象、药剂类型、施药器具的性能特点，选择施药方法，才能发挥其应有的作用，使药剂均匀地分布在作物或有害生物表面，取得预期的防治效果。防治对象不同，施药方法不同，如地下害虫，往往必须撒施药粉、颗粒剂或淋施药液。农药剂型不同，施用方法、使用器械也有所不同，如乳油剂型、可湿性粉剂等，往往是用来喷雾，并要求较细的雾点；颗粒剂主要撒施于土壤中。

(4)掌握施药剂量，提高施药质量

使用农药时，可以考虑不同的防治对象选择合适的用药剂量，要按照商品介绍说明书推荐剂量使用，严格掌握施药量，不能任意增减，否则容易造成植物药害或影响防治效果。操作时不仅药量、水量称准，还应将面积量准，才能真正做到准确用药，取得好的防治效果。

另外，要尽可能减少施药次数，在把病虫危害控制在经济损失允许水平之下即可。减少用药次数，无形中降低生产成本和环境压力。施药时还必须考虑作物的情况和外界环境的影响，必须杜绝伪劣农药在病虫防治中的使用。

使用农药可以增加合适的增效剂，达到提高药效、减少用药、降低生产成本等目的，但必须对有关增效剂的性能全面了解。

(5)农药的合理混配和轮流使用

将两种或两种以上含有不同有效成分的农药制剂混配在一起施用，称为农药的混配。当前，国内外对农药的混配和混剂都非常重视。农药的混配必须注意几点：混配药剂的各组分之间的作用机制应彼此不同，害虫对混用农药中的每一组分的抗性机制应该是不同的，混配农药中各组分的残效期应近似。在害虫产生抗性前农药混用才有作用。若混配合理，则可以起到一定的增效作用，降低毒性，增强人畜安全性，延缓病虫抗药性，节省人力和用药量，降低生产成本，扩大防治效果。但同时必须考虑混用后对人畜的毒性和环境的污染情况。

农药的轮换使用也必须注意选择不同机制的农药，以免形成交互抗性，并且应考虑几种不同作用类型农药的轮用。轮用合理，同样可以取得很好的防治效果，尤其是对延缓害虫对某种农药出现的抗药性、延长农药的使用寿命和提高防治效果有着非常重要的意义。

☞ 24. 怎样对蔬菜病虫害进行无公害综合防治？

我国的植保方针是“预防为主，综合防治”，生产无公害蔬菜应“优先采用农业和生物防治措施，科学使用化学农药，协调各项防治技术，把病虫基数控制在允许水平以下，并保证蔬菜中农药残留量低于国家允许的标准”的蔬菜病虫害综合防治体系。综合防治分为农业防治、物理防治、生物防治和化学农药防治。

针对目前我国蔬菜生产中农药使用不合理、过量用药和滥用农药的问题，要重点加强用药技术指导和宣传培训，提高农民安全用药的意识，科学、合理、安全使用农药。推广高效、低毒、低残留的新农药、新剂型、新的用药技术，推广新型的施药器械。

三、农药科学使用的基本原则

☞ 25. 农药常见剂型有哪些?

农药的剂型是指原药经加工后而形成的不同制剂的形态。原药是指从工厂里生产出来而未加工的农药,原药加工成不同剂型主要是为了便于应用以满足不同的要求。各种剂型根据其特点和技术要求有固定用法,不能随便改变。常见剂型有粉剂、可湿性粉剂、颗粒剂、烟剂、乳油、悬浮剂、水剂等。农药剂型的发展很快,其种类和用途也越来越多。除上述农药剂型外,还有缓释剂、漂浮剂、片剂、糊剂、毒饵等剂型。

☞ 26. 农药中的粉剂有何特点? 在田间如何使用?

粉剂是农药原药和填料(如滑石粉、陶土、高岭土等)按一定比例混合后,经过粉碎制成的一定细度均匀混合的农药剂型。粉剂不能被水湿润形成悬浮液,不能喷雾使用。粉剂可以用于喷干粉、拌种和土壤处理防治病虫害。拌种用的粉剂也称为拌种剂,比一般粉剂更细,可以牢固地黏附在种子表面。其特点是施用简便,不受水源限制,但施用时在植物表面黏着性差,易污染周围环境,用药量大,残效期较短,在果树等高大作物上应用效果较差。

☞ 27. 农药中的颗粒剂有何特点？在田间如何使用？

颗粒剂是由原药、辅助剂和载体加工而成的固体颗粒状的农药剂型，有一定硬度，在贮运过程中不易破碎，原药不易从载体脱落。颗粒剂又可分为两类：一类是载体遇水能分解开的解体性颗粒剂，该剂残效期短。另一类是载体遇水不能分散的非解体性颗粒剂，该剂残效期长，对植物药害小。颗粒剂一般采用撒施法用于土壤处理进行病虫害的防治。其特点是使用方便，漂移性小，残效期长，对作物和有益生物毒害小，对人安全。较大颗粒剂可以采用在土壤深层施药的方法。

☞ 28. 农药中的烟剂有何特点？在田间如何使用？

烟剂是将原药、燃料、氧化剂和消燃剂混合制成的粉状或锭状的剂型，一般为袋装或罐装，直接点燃使用，放出烟雾，但无火焰，农药受热汽化，在空气中凝结成固体微粒。该剂主要用于温室、大棚或高大林木等密闭环境中病虫害的防治。

☞ 29. 农药中的乳油有何特点？在田间如何使用？

乳油是由原药、有机溶剂、助剂和乳化剂经混合加工形成的油状液体。溶剂常用的有二甲苯、甲苯、苯、粗苯、石油烷烃等。助剂是一些极性物质，主要用来提高原药在溶剂中的溶解度，有甲醇、苯酚、乙酸乙酯等。该剂型在农药剂型中较普遍，用途也较广泛，可用于喷雾、拌种、土壤处理、涂抹等。其特点是有效成分含量较高，黏附力强，防效好，残效期长，但成本较高，易产生药害和引起人畜中毒。

☞ 30. 农药中的悬浮剂有何特点？在田间如何使用？

悬浮剂是农药固体原药、载体和分散剂混合在水或油中形成的一种剂型，也称为胶悬剂，有水悬浮剂和油悬浮剂，其中水悬浮剂的使用方法同可湿性粉剂和乳油，需要加水稀释后使用；而油悬浮剂不需要稀释，可以直接用于超低容量喷雾使用。

☞ 31. 农药中的水剂有何特点？在田间如何使用？

水剂是以原药溶于水的一种剂型，使用时加水稀释，主要用于喷雾。其特点是加工方便，成本低，但在植物表面黏着性差，长期贮存易分解失效。

☞ 32. 农药中的可湿性粉剂有何特点？在田间如何使用？

可湿性粉剂与粉剂相比，除了含有原药和填料外，还有湿润展着剂。一般来说，可湿性粉剂的有效成分含量比粉剂高，应该加水稀释形成一定浓度的悬浮液进行田间喷雾使用，不可将可湿性粉剂用于直接喷粉和拌种使用。其特点是喷洒雾滴较小，在植物表面黏附力强，防效高，残效期较长。

☞ 33. 农药对人体有哪些毒害作用?

农药对人体的毒害作用主要分为急性毒性和慢性毒性两种。

农药通过皮肤或呼吸道进入人体后短时间内即表现中毒症状,如果抢救不及时,就有生命危险的反应,称为急性中毒。主要表现为头晕、发热、呕吐、腹泻、腹痛、多汗、口渴、流涎、面色苍白、视力模糊、瞳孔缩小、呼吸困难、肢端感觉迟钝、肌肉无力、肌肉强直性痉挛、大小便失禁、尿血、血压升高或下降、昏迷、肺水肿、呼吸衰竭、急性肾功能衰竭等。其危险性取决于毒性的大小、有效成分进入人体的多少以及人的体质。一般剧毒、高毒农药容易引起急性中毒。

农药的慢性中毒是指长期食入、吸入或接触较低剂量的农药而引起的慢性反应,一般通过食物或饮水进入人体,一般发病较慢,病程较长。由于人们长期接触农药或使用残留期较长的农药,造成土壤、水源、食品、大气等严重污染等,是引起慢性中毒的主要原因。有些农药虽然急性毒性不高,但却性质稳定,使用后在自然界长期残留而不易被分解消失,人畜长期摄食和饮用被污染了的食物和水后,农药在人体内逐渐进行积累,达到一定程度便发生中毒。慢性中毒具有致癌、致畸、致突变的作用,能引发癌症,影响胎儿正常发育,导致胎儿畸形或死亡。

☞ 34. 如何防止中毒现象的发生?若有人发生急性中毒如何进行抢救?

为了防止农药对人体的急性毒性,应该尽量选择使用低毒农药,而不使用高毒性的农药品种。防止农药的慢性毒性，要尽量使用低毒、低残留的农药品种。高效、低毒的农药应该是生产者的首选农药，即对有害生物的作用效果要高，而对人的毒性要低。

若不慎发生急性中毒现象，应按照以下方法进行抢救：

立即将中毒者转移到在阴凉通风处，要及时解开中毒者的衣服，用温水和肥皂将身体清洗干净，眼部污染者可用生理盐水或清水。根据病人所表现的症状特点，采取相应的处理方法：对呼吸停止的中毒者进行人工呼吸，注意要清理干净患者的口、鼻、咽，使呼吸保持通畅；对呼吸衰竭的中毒者，给以输氧或使用呼吸中枢兴奋剂（可拉明）；若是不慎服用农药导致急性中毒事件发生，应立即通过引吐的方法排除胃内毒物，待中毒者脱离生命危险后，立即送医院进一步治疗。

35. 农药对农作物的药害有什么症状?

药害是指因用药不当而使作物产生的各种病态变化。农药的药害按症状表现的时间快慢可分为急性药害、慢性药害等几类。

急性药害是指施药后很快发生明显的伤害症状，可以从植物形态变化直接观察到，如斑点、失绿、落叶、落果、枯萎、穿孔、畸形、发芽率降低、生长缓慢、矮化、生育期推迟，甚至死芽、缺苗或成株枯死。慢性药害是指在施药数十天后才表现出症状，从植物外形难以观察到，只有与未受药害的健康植株对照才能判断，症状如黄化、畸形、小果等。药害一旦产生，都会使植物受到不同程度的伤害，因此，一方面要求做到必须科学地使用农药，尽可能避免产生药害；另一方面要求施药后做好田间调查，一旦发现药害，则应及时补救，把损害降低到最低限度。

☞ 36. 农药对农作物的药害是如何产生的？如何防止？

农药对农作物产生药害的原因很多，主要有以下几种：

①农药使用技术不当，是药害产生的重要原因，特别是除草剂和植物生长调节剂。

②农药制剂中含有对植物有害的杂质或者是有效成分发生降解而产生对植物有害的物质。

③农药制剂理化性能不良，如可湿性粉剂悬浮率差会导致药害。

④农药有效成分对某些植物或植物的某个生育期不安全。

⑤环境因素，如高温时，硫制剂易对作物产生药害。

做到以下几点就可以防止药害的产生：

①施药时注意天气情况。要避开容易造成药害的恶劣天气，如高温或阴湿；在土壤墒情不利的情况下也要避免使用种衣剂等；作物开花、坐果时，应避免用药。

②仔细阅读药剂的使用说明。注意是否有如何避免产生药害的内容，应该兼顾邻近栽培的作物和下茬作物。注意有些药品的保质期。施药时要掌握使用剂量或稀释倍数，注意药液混合均匀和均匀施药。施用除草剂的药械用后要彻底清洗，否则，下次在其他田块使用时引起药害。

37. 若在田间施用农药的过程中产生了药害，有补救措施吗？

药害的症状表现很复杂，在诊断时要观察受害植株本身的症状以及田间的症状分布情况，要与发生病害的情况相区别，另外要分析施药各环节是否有误以及天气的情况。药害的补救方法主要有：

①对于某些施用除草剂的田块，可选用种植对该除草剂不敏感的其他作物，以减轻或避免药害。

②对于由土壤处理的除草剂产生的药害，可采用翻耕土壤、灌水冲洗的办法，也可通过使用植物解毒剂或撒石灰、草木灰、活性炭等方法来防止或减轻药害，尽可能减少土壤中残留的药剂。

③对于2,4-D等引起的药害可喷施赤霉素以缓减药害程度。

④对于产生局部药斑、叶缘焦枯、植株黄化等症状的药害，可通过施用化学肥料方法，以促进作物迅速恢复生长，增强长势，减轻药害。

38. 什么是农药的安全间隔期和残效期？

农药的安全间隔期是指农药安全使用标准所规定的某种农药在作物上最后一次施药距作物收获期的天数。间隔期的长短根据农药的性质、蔬菜种类各有不同，有的2～3天，有的7天，甚至更长。在无公害蔬菜生产过程中，无论使用何类农药都要特别注意施用农药的安全间隔期，必须在安全间隔期后才能进行采收，在安全间隔期内禁止采收上市及食用。

农药的残效期指农药施在动植物或其他物体表面，经相当时期后，继续保持其对害虫或病菌的毒杀效力的时间。

☞ 39. 什么是微生物农药？什么是植物性农药？

微生物农药指用微生物及其代谢产物制造的农药，其所含有效物质是细菌孢子、真菌孢子、病毒或抗生素。

植物性农药是用天然植物产品制造的农药，所含有效成分是天然有机化合物。

☞ 40. 使用生物农药有哪些优点？

生物农药具有广谱、高效、安全无残留、无抗药性、不杀害天敌等优点。生物农药能够防治对其他产品已有抗药性的病虫害，又不会有交叉抗药性；收获的蔬菜上无残留；能与常规农药混用；能和土壤紧密结合，迅速降解，不会污染环境。

☞ 41. 购买农药时需要注意什么？

农药属于特殊商品，必须在国家批准的农药经销单位购买，所买的药剂必须具备农业部农药检定所颁发的农药登记证、化工部颁发的准产证、企业质检部门签发的合格证等三证，另外需要注意以下几点：

(1)查验农药的出厂日期

农药的有效期一般为 2 年（在贴瓶标签上均有注明）。如是过期商品，有效成分已经分解，不能购买。凡未签发生产日期的农药绝不能购买。

(2)检查农药包装

要检查包装是否完好无损，注意封装的瓶塞是否已松动，是否有药液外溢，粉剂的包装袋有无裂口，是否有药剂洒出。

(3)检查农药的外观质量

如乳油制剂有沉淀或是粉制剂已经受潮结块，应该拒绝购买。

(4)检查标签内容

产品外包装上至少应包括农药名称（商品名及通用名），有效成分及配料含量，有效期限，毒性，农药登记号，准产证号，合格检验章，使用说明，中毒解救方法，贮存注意事项，生产的厂家（含邮编、地址），生产日期，出厂批号，易燃、有毒标志等项，缺一不可。

由于农药一般对人畜有一定的毒性，购买农药后，要专人负责严加管理，必须专库专柜贮存。贮存期应注意避免高温曝晒、潮湿及标签脱落。

42. 在农药搬运和保管过程中有哪些注意事项？

搬运前，检查包装是否牢固，发现破损要重新包装，防止农药渗透。要及时洗净手、脸和被污染的皮肤、衣物等。运输农药时，运输人员不得坐在农药的包装物上，不得与食物、饲料和日用品混合装载。

要指定专人负责，认真学习农药安全使用的有关规定，采取相应的预防措施，建立农药档案，出入库要登记和办理审批手续，不能和食物、饲料及日用品混放。要保证仓库门窗牢固，通风透气条件好，严防进水受潮。剧毒农药，要有专用库房并加锁。农户个人未用完的农药，更应注意保管好，放到儿童、动物接触不到的地方。

☞ 43. 农药的主要使用方法有哪些?

(1)喷雾法

利用器械将药液雾化,能均匀地覆盖在植物表面的施药方法,是最常用的使用方法。该法有喷洒均匀、黏着力强、残效持久、药效好等优点。根据每 667 m^2 喷施药液量的多少,可将喷雾分为常量喷雾、低容量喷雾、超低容量喷雾。

(2)喷粉法

利用喷粉器械将粉剂农药均匀地喷施的方法。优点是使用简便、不受水源限制、防治功效高;缺点是污染环境和药效不持久。

(3)浸种法

用一定剂量的药液浸泡种子或幼苗的施药方法。配成药液,将种子浸入一定时间后捞出。主要用于防治种子带菌的病害。

(4)土壤处理法

把农药均匀喷洒在土壤表面后翻入土中或开沟施药后再覆土。主要用来防治地下害虫、线虫、土壤传播的病害和杂草等。

(5)灌根法

将药液灌入植物根区的施药方法。主要用于防治作物根部病虫害。

(6)毒饵法

毒饵是利用粮食、麦麸、绿肥等防治对象喜吃的饵料,与具有胃毒作用的农药按一定比例拌和而成。主要用于防治地老虎、蝼蛄等地下害虫。

(7)涂抹法

将农药涂抹在作物上，起到防治病虫害及调节作物生长的作用。分为点心、涂花、涂茎等类型。

(8)熏蒸法

利用易挥发的药剂所产生的毒气来杀灭菌虫的一方法，适用于仓库、温室、大棚或作物茂密的情况。

(9)烟雾法

是利用药剂加热或点燃发烟来防治病虫的施药方法，适合在密闭的环境(如温室、大棚)或作物茂密的情况使用。

(10)注射法

用注射器将农药直接注入植物体内。此法主要用于植物钻蛀性害虫或高大树种的病虫害防治。

44. 如何合理地使用农药?

农药种类很多，其性质各不相同，防治对象也不同。滥用农药会造成许多不良后果，如病虫产生抗药性、大量杀伤天敌、破坏生态平衡、污染环境、引起人畜中毒等。因此，合理使用农药是一项很重要的问题。

(1)对症下药

选择适宜的农药，做到对症下药，才能达到防治目的。如防治对象的种类、危害特征等。

(2)适时用药

病虫在不同的生长发育阶段，其生活习性、对药剂的敏感程度及抗药力往往有很大差别，要抓薄弱环节时期防治。

(3)注意用药量和用药次数

浓度太高产生药害等副作用，次数太多增加防治成本。

(4)选择适当剂型和施用方法

农药的剂型与药效是相关的。

(5)合理混用和轮换使用

两种药剂混用,可兼治多种病虫,有时还有增效作用,可以减少用药次数,节省时间与劳力。但混用不当,适得其反,如乐果、敌敌畏不能与波尔多液混用,大多数农药不能与碱性农药混用。长期单纯使用一种农药,害虫、病菌易产生抗性。

☞ 45. 无公害蔬菜生产选用农药的要求有哪些?

(1)高效、速效

在蔬菜生产中能有效防治病虫害,同时对农药的持效性有严格要求,否则也会影响蔬菜的食用安全性。

(2)低毒、低残留

要求药剂成分在自然界迅速消解(如能高效光解、水解或被微生物所分解),不构成对环境的污染,对蔬菜作物本身不易导致药害,有较高的安全性。

(3)广谱

对多种病害或虫害有效,如杀虫剂尽量对同一种害虫的幼虫、成虫、蛹、卵等都有效。

(4)不易产生抗药性

可以较长时间维持农药对病虫的防治效果。

☞ 46. 无公害蔬菜生产中可以选用的农药种类有哪些?

(1)生物农药

如细菌杀虫剂有 Bt 乳剂,真菌杀虫剂有白僵菌、蜡蚧轮枝菌等,昆虫信息素有性诱剂等。

(2)植物源农药

来源于植物的药剂种类，无污染，无残留，如对害虫有拒食、驱避、阻碍生长发育等作用的植物提取物（如苦皮素等）。

(3)昆虫生长调节剂

一般针对性强，通过干扰害虫发育起到控制作用，对天敌影响小，对人畜无毒害，如扑虱灵、灭蝇胺等。

(4)抗生素

如多抗霉素等，对人畜安全，安全间隔期短。

(5)强选择制剂

对害虫有较强的专一性，只针对某种害虫有效，如抗蚜威等。

(6)新型药剂

如氯吡啶类杀虫剂吡虫啉等、含硫杂环噻唑烟碱类杀虫剂阿克泰等。

☞ 47. 广谱性农药与选择性农药有何区别？

广谱性农药是指能用于多种作物或能防治多种病、虫的农药。

选择性农药是指仅能防除某些病、虫、草害，而对益虫、作物或其他对象无害的农药。

☞ 48. 如何做到正确使用农药？

正确用药主要是指掌握正确的施药方法和施药技术。选择正确的施药方法非常重要，选择时主要应从以下几个方面考虑：病虫害发生特点、作物的种类、当时当地的条件等。如防治地上部危害的病虫草，应采取喷雾或喷粉方法；

如地下危害的，可采用土壤处理；在缺水的地区或田块，采用低容量喷雾或喷粉等方法；在仓库、大棚、温室等密闭环境，可采用熏蒸法或烟雾法。施药时，要均匀、周到、突出重点。根据作物病虫害的发生特点，重点保护容易受害部位。在施药时注意天气变化，如刮风、下雨、高温炎热的中午不宜打药。

49. 怎样防止农药对蔬菜的污染？

(1)合理选择农药

禁止使用剧毒、高毒、高残留或者具有“三致”(致癌、致畸、致突变)的农药。

(2)合理使用

生产基地有限度地使用部分允许的有机合成化学农药(低毒农药或个别中等毒性农药)，要严格控制农药用量、使用浓度、使用次数及最后一次施药距采收的间隔期。

(3)优先采用农业措施防治病虫害

应综合应用各种防治措施，包括选用抗病抗虫品种、人工繁殖释放天敌、生物农药杀虫(菌)、物理避害、生态和生物多样性控害、生物酶降解农药等化学防治替代技术和施药技术以及机械、人工除草等措施，既保证蔬菜高产优质，又不至于造成蔬菜污染。

50. 受污染的蔬菜对人体的危害有哪些？

受污染的蔬菜含有超标的污染物，直接或间接地危害人体健康。化肥的不合理使用主要是氮肥施用过多，造成蔬菜体内存在过多的硝酸盐，人如果大量食用硝酸盐含量超标的蔬菜，硝酸盐能在人体内转化为强致癌物，诱发癌症，危害人类身体健康。农药的不合理使用会发生农药使用者或食用带药蔬菜者的中毒事故，而残留在蔬菜上的农药还会积累于人体，造成慢性中毒，导致人体的致畸、致突变、致癌症等。

51. 在田间打药时，如何做好安全防护？

正确使用农药可以避免发生农药急性毒性引起的人体中毒，减少农药慢性毒性对人体的影响，增强农作物产品的安全性。在使用农药时，应注意以下环节：

①老，弱，妇女孕期、月经期或哺乳期及高血压和对药物过敏者，不能参加打药工作。

②参加打药及配药人员，进行农药使用操作时，必须穿戴防护器具，如穿戴好工作服、手套、口罩、风镜等劳保用品。防止喷洒药剂雾滴等与施药者直接接触，一般连续操作时间不能过久。

③在施药操作中，不能吃东西、抽烟。如在打药过程中身体有任何不适或头痛目眩时，应立即离开打药地点休息，症状严重时及时去医院检查，避免发生中毒事故。

④打药完毕后必须用肥皂洗净手脸，工作服要按时清洗。打药车等施药用具要及时用清水清洗干净。药剂的包装物用完后集中处理，不得随意乱丢，更不能拿作它用。

52. 生产无公害农产品禁止使用哪些农药？

(1)国家禁止生产的农药品种

氟乙酰胺、敌蚜胺、氟乙酸钠、二溴氯丙烷、2，4，5-涕、内吸磷、氰化合物、敌枯双、汞化合物、狄氏剂、异狄氏剂、六六六、滴滴涕、氯丹、七氯、六氯苯、三环锡、普特丹、二溴乙烷、杀虫脒、毒鼠强、鼠甘伏、除草醚。

(2)在蔬菜、果树、茶叶、中草药材上不得使用的剧毒、高毒、高残留农药

甲胺磷、甲基对硫磷、对硫磷、久效磷、磷胺、甲拌磷、甲基异柳磷、特丁硫磷、甲基硫环磷、治螟磷、内吸磷、克百威、涕灭威、灭线磷、硫环磷、蝇毒磷、地虫硫磷、氯唑磷、苯线磷。

53. 什么是保护性杀菌剂?

在病菌侵入植物之前施用杀菌剂,能够保护植物,阻止病菌侵入的杀菌剂叫保护性杀菌剂。保护性杀菌剂要求药剂对植物表面有较强的黏着能力,能在作物表面保持较长时间才能达到预防病害的目的。如波尔多液就在植物表面有很强的黏着力。保护性杀菌剂保持对病菌有效控制的时间,是使用的重要技术指标。

54. 内吸性杀菌剂是指什么?有哪些主要功能?

药剂通过植物的根、茎、叶吸收,进入植物体内,向顶传导,能传导到植物体其他未受药部位,并且能够杀灭病菌,或防止外部的病菌侵入,这种药剂叫内吸性杀菌剂。

内吸性杀菌剂叶面喷洒时,要求药剂有一定的浓度,并且要覆盖均匀。内吸性杀菌剂可以起到化学治疗作用,对于未被病菌侵染的植物,喷施内吸性杀菌剂后也可以在植物体内预防病害入侵,从而减轻或预防病害的发生。

55. 治疗性杀菌剂是指什么？与内吸剂杀菌剂有何区别？

治疗性杀菌剂是指在病菌已经与寄主植物发生接触或已经侵入植物体内后，能够毒杀病菌，从而阻止病害发展的杀菌剂。

保护性杀菌剂在植物感病前，先在植物表面施用，以保护植物免受病原物侵染危害，要求杀菌剂在植物表面上保持较长时间，因此要具有良好的黏附性；治疗性杀菌剂是病原物已侵入植物体内，在感病后施药，以杀死或抑制病原物生长，从而消除病原或中和病原产生的有毒代谢物，要求杀菌剂均匀地与病菌接触，能够较快速地发生作用，以达到迅速控制病害的目的。

56. 络氨铜有何特点？可以用来防治哪些蔬菜常见病害？使用时有哪些注意事项？

络氨铜是一种广谱保护性杀菌剂，其主要成分铜氨络离子可使病菌细胞原生质变性而导致病菌死亡，又名消病灵、胶氨铜、克病增产素、瑞枯霉。对人畜低毒，因为含有多种微量元素，对植物有营养功能。水剂为蓝色液体，呈碱性，不能与酸性农药混用。

防治：

①喷雾，用23％水剂300～450倍液，于发病初期叶面喷洒，可防治黄瓜角斑病、番茄疫病、芹菜褐斑病和瓜类炭疽病、霜霉病、枯萎病及番茄“三落病”（落叶、落花、落果）等。

②灌根，用 23% 水剂 400～500 倍液灌根，每株灌 300～400 mL，对西瓜、黄瓜枯萎病具有良好防治效果。施药适期为发病初期，方法是先在根际扒穴，使瓜根外露晾晒后灌药，等药液浸入土壤后封土。

注意事项：

①不能与酸性农药或激素药物混用。

②下午 4 时后喷药为宜，喷后 6 h 内遇雨应重喷。

③如瓶中出现沉淀，需摇匀后使用，不影响药效。

④在气候炎热期或炎热地带喷洒时，在有效的前提下采取最大稀释倍数。

⑤如误服中毒，可按无机铜急救处理。

⑥采收前 15 天停止施药。

57. 井冈霉素有何特点？可以用来防治哪些蔬菜常见病害？使用时有哪些注意事项？

井冈霉素是由吸水链霉菌井冈变种产生的水溶性抗生素——葡萄糖苷类化合物。活性物质主要为 A 和 B 组分。井冈霉素为内吸性很强的杀菌剂，同时具有保护作用，耐雨水冲刷，施药后 4 h 遇雨不影响药效，持效期 15～20 天，可与多种农药混用。对人畜低毒，对鱼类和蜜蜂安全，不污染环境。井冈霉素应存放于阴凉、干燥处，防晒、防冻。

防治：

①防治番茄、茄子、甜（辣）椒等蔬菜立枯病，在发病初期用 5%井冈霉素水剂 1 500 倍液或 3%水剂 600～800 倍液喷雾，视病情可于 10～15 天后再喷 1 次。药液要喷到植株茎部。

②防治黄瓜立枯病、白绢病、根腐病，在黄瓜播种于苗

床后，使用5%水剂1 000～1 500倍液浇灌苗床，每平方米用药液3～4 kg或者每100 kg苗床土用3%水剂40～140 mL对水后处理土壤。

③防治豆类立枯病、白绢病，可用3%水剂10～20 mL拌1 kg种子。

注意事项：

①井冈霉素制剂可与多种杀虫剂混用，安全间隔期为14天。

②井冈霉素虽属低毒杀菌剂，配药和施药人员仍需注意防止污染手、脸和皮肤。如有中毒事故发生，无特效解毒剂，可对症处理。

③本剂属抗生素类农药，虽加有防腐剂，还需存放于阴凉、干燥的仓库中并注意防霉、防腐、防冻。运输和贮存应有专门的仓库和车皮，不得与食物及日用品一起运输和贮存。

58. 石硫合剂有何特点？是如何配制的？

石硫合剂原液为深枣红色透明液体，有臭鸡蛋气味，对人的眼睛和皮肤有腐蚀和刺激作用，石硫合剂原液加水稀释后，有效成分水解产生很细的硫磺颗粒。若原液贮存不当，底部易产生沉淀，表面会结硬皮，降低药效。石硫合剂加水喷洒后，可进入病原菌体内干扰其正常的生长。

石硫合剂是以生石灰和硫磺粉为原料加水熬煮制成。熬制和贮存时，不能用铜、铝容器，应选用铁质或陶瓷容器。配料比例为：生石灰1份，硫磺粉2份，水10～15份。先将硫磺粉倒入锅中，用少量温水调成糊状，加热并搅拌至快沸腾时，将生石灰少量多次、缓慢地投入锅中，并不断搅拌。当第1次将生石灰投入后，锅内便开始沸腾，停止加热，在20 min内将生石灰加完，当锅内液体变为红褐色时开始加热，当溶液呈酱油色时，从锅底捞出石灰渣观察，如为草绿色且在空气中很快变为蓝绿色时，即可停火。25 min后取出药液，冷却后，滤去渣滓即为原液，用波美剂测定度数后作好标记，贮存时在原液表面加一层油隔绝空气（如柴油或煤油）。

59. 石硫合剂可以用来防治哪些蔬菜常见病害？使用时有哪些注意事项？

防治：

①防治黄瓜、甜瓜、豌豆白粉病、红蜘蛛等，用0.1～0.2波美度药液喷雾。

②防治油菜霜霉病、白锈病，用0.2～0.3波美度药液喷雾。

③防治茄子、南瓜、西瓜白粉病、红蜘蛛等，用0.2～0.5波美度药液喷雾。

④用45%固体石硫合剂100倍液喷雾，可防治黄瓜白粉病。

注意事项：

①石灰须用优质、白色、块状生石灰，硫磺粉越细越好。

②熬制和贮存石硫合剂不能用铜器；经长期贮存的原液使用前应重新测定浓度；稀释液不能贮藏。

③石硫合剂有腐蚀性，不能沾到皮肤上，操作后应用清水洗净被污染的皮肤，喷过药的喷雾器应立即洗净。

④本剂具强碱性，应避免与有机磷药剂和铜制剂混用。

⑤夏季高温(32℃以上)和早春低温(4℃以下)时,都不宜在作物上喷洒。

⑥对喷洒过松脂合剂的作物要相隔 20 天再使用本药;对喷洒过油乳剂、波尔多液的作物要相隔 30 天后才能喷雾。

⑦马铃薯、番茄等对本剂敏感,易发生药害,不宜使用。

⑧万一误食本剂,应先将胃中东西吐出,保持安静,并请医生治疗。

⑨本剂应在低温、阴凉和密封条件下贮存,一旦开封最好用完;若继续贮存,应尽可能封口。

60. 多菌灵的主要特点是什么?能够防治哪些常见蔬菜病害?使用时有哪些注意事项?

多菌灵是一种高效、低毒、广谱、内吸性杀菌剂,具有保护和治疗的作用,能通过叶片渗入植物体内,并有耐雨水冲刷、持效期长的特点。悬浮剂为淡褐色黏稠状液体,可湿性粉剂为褐色疏松粉末。对酸、碱不稳定,对热稳定。不溶于水,常温下贮存 2 年,有效成分含量基本不变。对人畜和鱼类低毒,对蜜蜂无害。

防治:

①50%可湿性粉剂每 667 m^2 用 52～65 g 或 40%胶悬剂 65～80 mL,对水 65 kg 喷雾,可防治瓜类白粉病。

②用 50%可湿性粉剂 500 倍液喷雾,可防治蘑菇褐斑病、菌盖斑点病、软腐病和褐腐病。

③在番茄早疫病发病初期每 667 m^2 用多菌灵有效成分 31.3～37.5 g,对水喷雾。隔 7～10 天喷药 1 次,连续喷药 3～5 次。

④防治油菜菌核病，在油菜盛花期和终花期各喷 1 次，每 667 m^2 每次用多菌灵有效成分 37.5～62.5 g，对水喷雾。

⑤每 667 m^2 用 50％多菌灵可湿性粉剂 100～200 g，对水 50 kg 喷雾，可防治瓜类枯萎病、霜霉病、疫病，豆类炭疽病、疫病等。

⑥每平方米用 50％多菌灵可湿性粉剂 8～10 g，加细土 10～15 kg 拌匀，将 1/3 的药土均匀撒在苗床面上，再将菜种播在上面，然后将余下的 2/3 的药土撒在种子上作覆盖，最后表面洒适量的水，保持湿润，可防治辣椒、番茄苗床猝倒病。过于干燥则会发生药害。

注意事项：

①与其他药液混用时应现配现用，不能与碱性药剂混用。

②长期单一使用多菌灵易产生抗药性，应与其他杀菌剂混合或轮换使用。

③进行土壤处理时，会被微生物分解，降低药效。

④最后一次施药离作物收获期至少 30 天。

⑤安全间隔期为 15 天，允许残留量，芹菜、黄瓜、菜豆为 1.0 mg/kg，莴苣、番茄为 5.0 mg/kg。

☞ 61. 农用链霉素有何特点？可以用来防治哪些蔬菜常见病害？使用时有哪些注意事项？

农用链霉素为白色粉末，有吸湿性，结块不影响药效。易溶于水，不溶于多数有机溶剂，对人畜低毒，对作物安全。杀菌谱广，具有内吸作用，能渗透到植物体内并传导到其他部位，对果树多种细菌性病害有较好防效。

防治：

①防治大白菜软腐病，用72%农用硫酸链霉素可溶性粉剂2 160～4 320倍液，68%农用硫酸链霉素可溶性粉剂2 040～4 080倍液，24%农用链霉素可溶性粉剂720～1 080倍液喷于发病初期开始，每隔7～10天喷1次，连喷2～3次。

②防治烟草野火病，用68%农用硫酸链霉素可溶性粉剂1 200～1 714倍液，10%农用硫酸链霉素可溶性粉剂600～841倍液，24%农用链霉素可溶性粉剂720～1 440倍液喷雾，病初期开始，每隔7～10天喷1次，连喷2～3次。

注意事项：

①不能与生物药剂混用。

②使用浓度一般不宜超过200 mL/L，以防止药害。

62. 波尔多液有何特点？使用时应注意哪些问题？

波尔多液是一种传统的杀菌剂，对人畜无毒，为天蓝色胶状悬浮液，黏着力强，耐雨水冲刷，持效期长达15～20天，是一种良好的保护性杀菌剂，可用来防治黄瓜霜霉病。使用时应避免在阴天或露水未干前喷药，以免发生药害。喷药后如遇雨，需补喷。喷过石硫合剂的植株，需隔7～10天后才能喷波尔多液。波尔多液为保护性杀菌剂，对已经侵入植物体内的病菌不起作用，应在发病前使用。用药后喷雾器应及时清洗，以免腐蚀。

波尔多液是由硫酸铜、生石灰和水配制而成，必须现配现用，不能贮存。配制时应选择色白、质轻、块状的生石灰（或新鲜的熟石灰）以及纯蓝色的硫酸铜，不夹带绿色或黄绿色杂质。由于作物和病害种类不同应选用不同的配合量(表1)。配制时,不能使用铁质容器。先把硫酸铜和生石灰分别放入一容器中,各用一半的水溶解,滤去残渣,而后同时倒入第三个容器中,边倒边搅拌即成天蓝色波尔多液。

表1 常用波尔多液配比表

配合式	三种成分的比例(硫酸铜∶石灰∶水)	性能
石灰半量式	1∶0.5∶100	药效较快,很少有药害,附着力差,不易污染植物,适合葡萄
石灰等量式	1∶1∶100	药效慢,对植物较安全无药害,附着力强,适用于多种果树
石灰倍量式	1∶2∶100	药效慢,安全无药害,附着力强,易污染植物,适用于苹果、梨、桃、李、柿子、枣等果树
硫酸铜半量式	0.5∶1∶100	药效慢,安全无药害,附着力强,易污染植物,适用于杏树

☞ 63. 代森锰锌(喷克、大生)有何特点?可以用来防治哪些蔬菜常见病害?使用时应注意哪些问题?

代森锰锌(喷克、大生)是一种高效、低毒的保护性杀菌剂。对果树上的真菌病害有良好的预防作用,对果树缺锰、缺锌症有治疗作用。对人畜低毒,常与内吸性杀菌剂混合或交替使用,能够提高防治效果。

防治:

①防治黄瓜霜霉病,用80%可湿性粉剂266～400倍液,75%悬浮剂400～480倍液,42%悬浮剂(重量/容量)320～480倍液喷雾,间隔7～10天1次,连续喷2～3次。

②防治番茄早疫病，用80%可湿性粉剂266～400倍液，70%可湿性粉剂265～341倍液，50%可湿性粉剂189～243倍液，30%悬浮剂200～300倍液喷雾，防治效果显著。

③防治西瓜炭疽病，用80%可湿性粉剂266～400倍液喷雾，连续喷2～3次。

注意事项：

①避免在高温、高湿条件下贮存，贮存于干燥阴冷处。

②不能与碱性农药混用，也不能与含铜制剂混用。

③如误服中毒，应催吐、洗胃和导泻，并进行对症治疗。

64. 甲基托布津有何特点？可以用来防治哪些蔬菜常见病害？使用时应注意哪些问题？

甲基托布津是一种广谱内吸性杀菌剂，具有保护和内吸治疗作用。在植物体内转化为多菌灵，干扰病菌细胞分裂，可用于防治果树上多种真菌性病害。该药对人畜低毒，对鱼类、蜜蜂、鸟类、作物安全。可湿性粉剂为灰棕色或灰紫色粉末。果实采收前半个月应该停止用药，用药时不能与碱性农药、肥料或含铜药剂混用。应与其他杀菌剂轮换使用或混用，但不宜与多菌灵轮换使用。

防治：

①防治瓜类白粉病，用50%可湿性粉剂900～1 330倍液，70%可湿性粉剂1 244～1 866倍液，于发病前或发病初期每隔7～10天喷1次，连喷3～4次。

②防治番茄叶霉病，用50%可湿性粉剂800～1 200倍液，70%可湿性粉剂1 120～1 680倍液，于发病前或发病初期每隔7～10天喷1次，连喷3～4次，防治效果显著。

③防治蔬菜多种病害，用36%悬浮剂400～1 200倍液

喷雾。

④防治甜菜褐斑病，可用36%悬浮剂1 300倍液喷雾，发病前或发病初期开始每隔7天左右1次，连喷2～3次，防效可达90%以上。

⑤每667 m^2用50%可湿性粉剂100 g，在油菜盛花期对水喷雾。隔7～10天再喷1次，可防治油菜菌核病。

注意事项：

①不能与碱性药剂及含铜制剂混用。

②收获前14天内禁止使用。

③在使用过程中，若药液溅入眼中，应立即用清水或2%苏打水冲洗。若误食而引起急性中毒时，应立即催吐，催吐剂用生鸡蛋5～10个打在碗内，搅匀，加明矾末10 g左右，灌胃催吐；也可用手指或鸡毛、毛笔等刺激喉咙催吐。

④本剂应贮存于阴凉、干燥的地方。

⑤收获前14天内禁止使用。

☞ 65. 粉锈宁有何特点？可以用来防治哪些蔬菜常见病害？使用时应注意哪些问题？

粉锈宁是一种高效、低残留的三唑类杀菌剂，具有持效期长、内吸性强的特点。药剂被植物吸收后，能在体内传导，具有保护和治疗作用，能够抑制病菌附着胞及吸器的发育，影响菌丝生长和孢子形成。粉锈灵又名三唑酮，对人畜低毒，对天敌、蜜蜂、鱼类及鸟类安全。对多种作物的白粉病、锈病具有明显的防效。

防治：粉锈宁具有保护、治疗和根除作用，在蔬菜上主要用于防治白粉病和锈病。

①防治瓜类白粉病，在病害发生初期，每667 m^2用

20%粉锈宁乳油 30～50 mL 或 15%可湿性粉剂 45～60 g，对水喷雾。一般年份施药 1 次，病重年份隔 15～20 天再施药 1 次。

②防治菜豆、豇豆、豌豆、辣椒白粉病，用 15%可湿性粉剂 1 000～1 200 倍液喷雾，或用 20%乳油 1 500～2 000 倍液喷雾。

③防治菜豆、豇豆、辣椒锈病，在病害发生初期，20%乳油 1 000～1 500 倍液喷雾。

④土壤处理，每立方米用 15%可湿性粉剂 12 g，对温室土壤进行处理，可预防蔬菜白粉病，残效期 60 天。

注意事项：

①安全间隔期为 20 天。

②如误用引起中毒时，其症状一般为呕吐、激动、昏晕等，应立即找医生治疗。

66. 农抗 120 有何特点？可以用来防治哪些蔬菜常见病害？使用时应注意哪些问题？

农抗 120 是一种广谱性抗生素，又名抗霉菌素，对多种作物病害有较好的防治效果。作用机理为阻碍病原菌的蛋白质合成，导致病原菌死亡。适用于防治蔬菜的白粉病、锈病、炭疽病及腐烂病等。农抗 120 对人畜低毒，无残留，对植物和天敌安全，并有刺激植物生长的作用。

防治：

①黄瓜白粉病的防治，在发病初期喷药，每667 m^2 用 2%水剂 500 mL，加水 100 kg 喷雾，隔 15～20 天喷药 1 次，共喷 4 次。如病情严重，可隔 7～10 天喷 1 次。此浓度还可防治甜菜白粉病。

②大白菜黑斑病的防治，发病初期喷药，用 2% 水剂 1 000 mL，对水 100 kg 喷雾，15 天后喷第二次药。

注意事项：

①本剂可与多种农药混用，但勿与碱性农药混用。

②本剂虽属低毒杀菌剂，施药时还需要注意安全，如遇不舒服，应请医生诊治。

③本剂应贮存在干燥、阴凉的仓库中，不要与食物和日用品一起贮存和运输。

67. 速克灵有何特点？可以用来防治哪些蔬菜常见病害？使用时应注意哪些问题？

速克灵是一种具有保护和治疗作用的内吸性杀菌剂，又名腐霉利。主要是通过抑制病菌菌丝生长和孢子的发芽来杀灭病菌，对阻止病斑发展有特效。对人畜低毒，耐雨水冲刷，持效期长。田间使用时，最好做到与其他杀菌剂轮换使用或混用，否则连续使用时易引起病害的抗药性。不可与碱性药剂和有机磷农药混配。

防治：

①主要用于防治黄瓜、番茄、草莓等灰霉病和油菜菌核病，对水喷雾，轻病田在始花期喷药 1 次，重病田于初花期和始盛花期各喷药 1 次。

②黄瓜菌核病，在发病初期每 667 m^2 每次用 50% 可湿性粉剂 33～50 g 喷雾，喷药 1～2 次，间隔 7～10 天。

③防治草莓、番茄、黄瓜、葱类灰霉病，在发病初期用 50% 可湿性粉剂 1 500～2 000 倍液喷雾。温棚内用 10% 速克灵烟剂每 667 m^2 每次 250 g 熏棚。番茄在用 2,4-D 或防落素沾花时，加入 0.1% 的 50% 速克灵可湿性粉剂，防

病效果更佳。

注意事项：

①应在发病前使用该药，最迟也要在发病初期使用。

②要避免连续使用，可与性质不同的药剂交替使用。

③不要和石灰硫磺合剂、波尔多液等强碱性药剂混用，也不宜与有机磷农药混用。

④不要接触皮肤或吸入口中。

⑤药剂应在阴暗处保存。

68. 甲霜灵有何特点？可以用来防治哪些蔬菜常见病害？使用时应注意哪些问题？

甲霜灵是一种具有保护、治疗作用的内吸性杀菌剂，又名瑞毒霉、雷多米尔、阿普隆。对人畜低毒，对鱼类安全。通常条件下于通风、阴凉、干燥可贮存 2 年以上。甲霜灵施用后耐雨水冲刷，持效期长，能够被植物吸收，并随植物体内水分运转到达植物的各个部位杀死病菌，菜园使用时应与代森类、铜制剂等杀菌剂混用或交替使用，避免连续单一使用。

防治：甲霜灵主要用于防治黄瓜、白菜、甘蓝、葱、莴苣等的霜霉病，番茄、辣椒、马铃薯疫病，黄瓜及蔬菜猝倒病。

①每 667 m^2 用 25％可湿性粉剂 40 g，加 80％代森锌可湿性粉剂 80 g，对水 65 kg 喷雾，可防治黄瓜霜霉病和马铃薯早疫病。

②25％可湿性粉剂每 667 m^2 50 g，对水 40～50 kg，喷洒苗床可防治蔬菜猝倒病，保护期 40～50 天。

③每 667 m^2 每次用 25％可湿性粉剂 32～60 g 在病初发生时对水喷雾，可防治白菜霜霉病，每隔 10～14 天喷施

1次。病害低峰时改用其他常规杀菌剂，甲霜灵用药次数每季不得超过3次。

④防治马铃薯晚疫病，在叶面初见病斑时开始喷药，每667 m² 每次用25%可湿性粉剂150～200 g，对水喷雾，每隔10～14天喷药1次，用药次数最多不得超过3次。

注意事项：

①喷雾可与保护杀菌剂代森类等混用，以提高药效和降低抗药性。

②对皮肤有刺激，使用时应注意防护。

③安全间隔期为7天，允许残留量黄瓜、番茄为0.5 mg/kg，菠菜为1.0 mg/kg，叶菜为0.3 mg/kg。

☞ 69. 扑海因有何特点？可以用来防治哪些蔬菜常见病害？使用时应注意哪些问题？

扑海因是一种广谱保护性杀菌剂，又名异菌脲、咪唑霉。对人畜和鱼类低毒，对蜜蜂、鸟类安全，无刺激作用。遇碱性物质易分解，不能与强碱性或强酸性的药剂混用。常温下贮存性质稳定。可湿性粉剂为浅黄色粉末，悬浮剂为浅黄色糊状物。

防治：扑海因能抑制病菌的孢子萌发和菌丝伸长，使之在植物体内不能扩展渗透危害。可用于防治多种蔬菜病害。

①50%可湿性粉剂每667 m² 每次用42～65 g，对水65 kg喷雾，可防治番茄灰霉病、早疫病，葱头、菜豆、莴苣、黄瓜的灰霉病，十字花科黑斑病等。

②50%可湿性粉剂每667 m² 用65 g，对水65 kg喷雾，可防治瓜类枯萎病。

③在油菜初花期和盛花期各喷1次药，每667 m^2 用50%可湿性粉剂70～100 g，对水喷雾，可防治油菜菌核病。

④每667 m^2 每次用50%可湿性粉剂100～135 g，对水75 kg在发病初期喷雾，防治草莓灰霉病。

注意事项：

①不能与碱性农药和物质混用。

②使用时先加少量水，搅成糊状后，再加水至所需水量。

③本药剂安全间隔期为7天。

④药剂应放置于干燥通风处。

70. 乙膦铝有何特点？可以用来防治哪些蔬菜常见病害？使用时应注意哪些问题？

乙膦铝是一种具有保护和治疗作用的内吸性有机磷杀菌剂，又名三乙磷酸铝、疫霉净、疫霜灵。对人畜低毒，对鱼类、蜜蜂较安全。可湿性粉剂为淡黄色或黄褐色粉末，常温贮存性质稳定，要防止吸潮结块，遇强酸强碱易分解。与代森锰锌、多菌灵等混合使用时，能提高防治效果。

防治：

①防治黄瓜、白菜、球茎甘蓝、莴苣霜霉病，在病害初发时，用40%可湿性粉剂200～300倍液喷雾，间隔7～10天，共用3～4次。

②防治马铃薯、番茄晚疫病，番茄早疫病，番茄、茄子绵疫病，甜椒疫病，在病害初发时，用40%可湿性粉剂200倍液喷雾，间隔7～10天喷药1次，共喷药2～3次。

注意事项：

①该药宜在发病前或发病初期施用。

②不得与强酸、强碱性药物混用。

③本品易吸潮结块，贮运中应注意密封与防潮影响药效。

71. 宝丽安有何特点？可以用来防治哪些蔬菜常见病害？使用时应注意哪些问题？

宝丽安内吸性强，对果树具有保护和治疗作用，又名多抗霉素、多氧霉素、保利霉素、多效霉素。对人畜低毒，对天敌、植物安全。

防治：多抗霉素是一种广谱性抗生素类杀菌剂，具有较好的内吸传导作用。

①防治番茄晚疫病、灰霉病，黄瓜霜霉病、白粉病，草莓灰霉病，用10%可湿性粉剂500～800倍液喷雾。

②防治甜菜褐斑病、立枯病，用10%可湿性粉剂600～800倍液喷雾。

注意事项：

①本剂不能与酸性或碱性药剂混合使用。

②应密封贮存于干燥阴凉处。

72. 瑞毒铜有何特点？可以用来防治哪些蔬菜常见病害？使用时应注意哪些问题？

瑞毒铜同时具有内吸和保护作用，又名甲霜铜。对人畜低毒，对鱼类和蜜蜂安全。可湿性粉剂为浅黄色疏松状粉末。

防治：可防治黄瓜霜霉病和细菌性角斑病、番茄早疫病和晚疫病、马铃薯晚疫病、辣椒疫病和疮痂病、白菜和莴苣霜霉病等，于病害发生初期开始施药，每667 m^2 用50%可湿性粉剂150～200 g，对水喷雾，一般间隔5～7天喷1次，共喷2～3次。

注意事项：

①本品不能与碱性农药混用。

②瓜类作物对该剂敏感，使用浓度限于500倍液，不宜过高。

③配制该剂时，应用瓷缸、木桶或塑料桶配制，不能用铁器，以防药剂失效。

73. 菌毒清有何特点？可以用来防治哪些蔬菜常见病害？使用时应注意哪些问题？

菌毒清为甘氨酸类广谱内吸性杀菌剂，有良好的内吸性和渗透性，可在植物体传导和均匀分布，通过破坏和影响病菌的细胞膜、蛋白质和呼吸代谢来抑制病菌生长。对多种果树病害具有良好的控制作用。水剂为浅棕色透明液体，性质稳定，使用时气温低会出现结晶，但不影响使用。对人畜低毒，无腐蚀和刺激作用，不污染环境，不宜与其他农药混用。

防治：防治番茄、辣椒病毒病，在发病初期，用5%水剂200～300倍液叶面喷雾，隔7～10天再喷1次。

注意事项：

①本剂不宜与其他农药混用。

②个别人对本剂可能有过敏反应，出现皮肤发红等现象，应立即停止接触。

③本品不宜使用普通聚氯乙烯容器包装和贮存。

④当气温较低时，会出现结晶沉淀，可用温水在容器外

温热，待结晶溶化后再稀释使用。

☞ 74. 氧化亚铜有何特点？可以用来防治哪些蔬菜常见病害？使用时应注意哪些问题？

氧化亚铜是以保护性为主兼有治疗作用的杀菌剂，又名铜大师、靠山。该药剂具有极强的附着性，耐雨水冲刷。所以对人畜及鱼类低毒，对铜敏感作物应慎用。

防治：

①防治番茄早疫病，在发病前或发病初期开始喷药，每次每667 m^2 用56％靠山水分散粒剂110～150 g，加水75 kg，均匀喷雾，小苗用量酌减。每隔7～10天喷药1次，一般连续喷施3～4次。

②防治黄瓜霜霉病，在发病前或发病初期开始喷药，每667 m^2 每次用56％靠山水分散粒剂220～280 g，对水75 kg均匀喷雾，小苗用量酌减。每隔7～10天喷药1次，一般连续喷施3～4次。

注意事项：

①如药剂污染皮肤或溅入眼中，用大量清水清洗；如有误服，服用解毒剂1％亚铁氰化钾溶液，症状严重时可用BAL（二巯基丙醇）。

②高温或低温潮湿气候条件慎用。

③对铜敏感作物慎用。

☞ 75. 代森铵有何特点？可以用来防治哪些蔬菜常见病害？使用时应注意哪些问题？

代森铵是一种高效、杀菌谱广的保护性杀菌剂，又名阿巴姆。对人畜低毒,对皮肤有刺激性。因为该药对瓜类、豆类易发生药害,所以在菜园使用时注意远离瓜类、豆类作物。本品不能与碱性农药或含铜、汞制剂混用。

防治:

①用 45％水剂 900 倍液喷雾,防治黄瓜炭疽病、白粉病、霜霉病、细菌性角斑病,白菜白粉病、白斑病、黑斑病、软腐病,甘蓝黑腐病,蕹菜白锈病,番茄叶霉病,茄子绵疫病,菜豆炭疽病、白粉病,芹菜晚疫病,莴苣和菠菜霜霉病等。

②防治白菜黑斑病,甘蓝黑腐病、黑茎病,可用 45％水剂 200 倍液浸种 15 min,再用清水洗净,晾干播种。

③对茄果类及瓜类蔬菜苗期病害,黄瓜枯萎病、细菌性萎蔫病,菜豆根腐病,用 45％水剂 200～300 倍液处理苗床土壤,每平方米用药液 2～4 kg;也可在苗期用 1 000 倍液浇灌。

注意事项:

①代森铵不宜与石硫合剂、波尔多液等碱性药剂混用,也不能与含铜制剂混用。本剂为保护性杀菌剂,病害发生初期使用效果为佳。

②药液长期附着在皮肤上,可残留黑色斑点,对皮肤有刺激性,若沾在皮肤上应立即用肥皂水洗净。代森铵能通过食道等进入体内引起中毒,症状为昏迷、晕厥、瞳孔散大、呼吸急促和心率增快等,呼出的气体中有硫磺味。误服者应立即催吐、洗胃,并对症治疗。

③喷雾浓度大于 1 000 倍时,对有些植物可能会引起药害,尤其气温高时施用对豆类作物易产生药害。

④本剂应贮存在干燥、避光和通风良好的地方,运输时避免日晒,以免分解。

☞ 76. 代森锌有何特点？可以用来防治哪些蔬菜常见病害？使用时应注意哪些问题？

代森锌为保护性有机磷杀菌剂，又名锌来特、什来特。可湿性粉剂为灰白色或浅黄色粉末，有臭鸡蛋气味，易吸湿，在光、热条件下不稳定，易分解，应存放在干燥、避光的环境。对人畜低毒。

防治：

①防治番茄早疫病，用 65％可湿性粉剂 160～230 倍液，80％可湿性粉剂 200～280 倍液，在发病前或发病初期开始喷洒。

②防治蔬菜多种病害，用 65％可湿性粉剂 487～609 倍液喷雾，效果较好。

③防治黄瓜霜霉病，用 65％可湿性粉剂 195～300 倍液喷雾，防治效果显著。

注意事项：

①葫芦科蔬菜对锌敏感，使用时要严格掌握浓度。

②不能与碱性农药混用。

③在阴凉干燥处存放，容器要密封。

④安全间隔期为 14 天，允许残留量芹菜为 5.0 mg/kg，番茄、黄瓜为 1.0～4.0 mg/kg，甘蓝、花椰菜为 7.0 mg/kg，莴苣、菠菜为 10.0 mg/kg。

☞ 77. 福美双有何特点？可以用来防治哪些蔬菜常见病害？使用时应注意哪些问题？

福美双是一种具有保护作用的杀菌剂，又名赛欧散，可以防治多种蔬菜病害。该药对人畜低毒,对皮肤和黏膜有刺激作用。可湿性粉剂为灰白色粉末,易分解,易燃,应远离火源,在阴凉、干燥条件下保存。

防治:

①拌种,防治花椰菜、甘蓝、莴苣等立枯病,每 100 kg 种子用 50%可湿性粉剂 0.25 kg;防治黄瓜和葱立枯病,每 100 kg 种子用 50%可湿性粉剂 0.3～0.4 kg;防治豌豆黑斑病、立枯病,每 100 kg 种子用 50%可湿性粉剂 0.8 kg。

②土壤处理,防治番茄、瓜类幼苗猝倒病、立枯病以及甜菜根腐病,每平方米苗床可用 50%可湿性粉剂 4～5 g 加 70%五氯硝基苯可湿性粉剂 4 g,再加细干土 15 kg 混匀,播种时用该药土下垫上覆。

③喷雾,防治黄瓜霜霉病、炭疽病,白菜、油菜霜霉病,用 50%可湿性粉剂 500～800 倍药液喷雾,每 667 m^2 每次喷药液 50～75 kg,每隔 10～15 天喷 1 次。

注意事项:

①不可与铜、汞剂及碱性药剂混用或前后紧接使用。

②福美双粉末对鼻孔黏膜有刺激作用,使用时应戴口罩,工作完毕应及时清洗裸露部位。

③药剂处理过的种子不能用作饲料。

78. 土壤散有何特点?可以用来防治哪些蔬菜常见病害?使用时应注意哪些问题?

土壤散又名五氯硝基苯,是一种广谱性保护性杀菌剂。对人畜毒性小,对鱼类低毒,对人的皮肤有一定刺激作用。可湿性粉剂为土色粉末,性质稳定,不易分解,在土壤中持效期长。通常用于防治多种土壤病害、苗期病害和根部病害。

防治：

①防治甜菜苗期立枯病、猝倒病，每 100 kg 种子用 40％五氯硝基苯粉剂 350～875 g 拌种。

②防治马铃薯疮痂病，每 667 m^2 用 40％五氯硝基苯粉剂 1.5～2.5 kg 进行土壤消毒。

③每 667 m^2 用 40％五氯硝基苯粉剂 450 g 拌细土 20～30 kg，在油菜、莴苣菌核病和立枯病发病初期撒于根部附近，防治效果很好。

④防治甘蓝根肿病，每 667 m^2 用 40％五氯硝基苯 2 500～5 000 g 拌细土后沟施，或移栽前用 1 000 倍药液浇灌，每株浇药液 0.5 kg。

⑤防治茄子猝倒病，每 667 m^2 用 40％粉剂 5 500 g 进行土壤处理。

注意事项：

①不论拌种、拌土都要将药剂拌得均匀，以免影响药效。

②大量的药剂与作物的幼芽接触时易产生药害。

③拌过药的种子不能用作饲料和食用。

④装卸、使用时防止与皮肤接触和从口鼻吸入。

⑤贮存时要注意防潮、日晒和高温，远离火源，保持通风良好，不能与食物、种子、饲料混放。

☞ 79. 杀毒矾有何特点？可以用来防治哪些蔬菜常见病害？使用时应注意哪些问题？

杀毒矾，又名恶霜锰锌，是一种内吸杀菌剂，兼具预防和治疗的作用，喷施后能迅速被植株吸收，并在体内传导。

该药为恶唑烷酮 8％和代森锰锌 56％的复配剂。可湿性粉剂呈米黄色粉末状，对光、热稳定，常温条件下贮存稳定。对人畜低毒。

防治：

①用 64％可湿性粉剂 400 倍液，在发病初期喷药，相隔 10～12 天喷药 1 次，共用药 2～3 次，可防治番茄晚疫病、早疫病、褐色腐烂病，黄瓜霜霉病、疫病，茄子绵疫病，辣椒疫病，施药间隔期视病害轻重而定，如病情较重应适当提高药量（即降低稀释倍数及缩短用药间隔期）。

②在发病初期喷药，用 64％可湿性粉剂 400 倍液，可防治马铃薯晚疫病、早疫病；用该药 500 倍液可防治白菜霜霉病、白粉病，共用药 2～3 次，施药间隔期为 10～12 天。

注意事项：

①不要与碱性农药混用。

②如误服应立即催吐，如溅到皮肤上应立即冲洗。

③本品应存放在阴凉、干燥、通风处。

☞ 80. 硫磺有何特点？可以用来防治哪些蔬菜常见病害？使用时应注意哪些问题？

硫磺是一种保护剂，通过影响病菌细胞的氧化还原过程而发挥杀菌、杀螨作用。对人畜低毒，对皮肤与眼睛有一定的刺激性。硫磺粉不溶于水，有吸湿性，易燃。

防治：防治瓜类白粉病，以 45％悬浮剂 300～500 倍液，50％悬浮剂 300～400 倍液喷雾，共喷药 3 次，间隔期为 7～10 天，重病田增加 1 次喷药。

注意事项：

①本剂长期贮存会出现分层现象，需摇匀后使用，不影

响药效。

②本剂属保护剂，在田间刚发现少量病株时就应开始施药。当病已普遍发生时施药，防效会降低。一般为提高防效应连续施药2次以上，间隔期为7～10天。

③为了防止发生药害，在气温较高的季节应早、晚施药，避免中午施药。对硫酸敏感的作物如黄瓜、大豆、马铃薯、桃、李、梨、葡萄等，使用时适当降低施药浓度和减少施药次数。

④本剂不要与硫酸铜等金属盐类药剂混用，以防降低药效。

⑤本剂虽属低毒杀菌剂，使用时仍需执行一般农药的安全操作要求，并严防由呼吸道吸入。

⑥施药后各种工具要认真清洗，污水和剩余药液要妥善处理或保存，不得任意倾倒，以防污染。

⑦运输和贮存时应有专门的车皮和仓库，不得与食物或日用品一起运输。

⑧应贮藏在干燥和通风良好的仓库中，严禁在太阳下直接暴晒。

81. 氧氯化铜（碱式氯化铜、王铜）有何特点？可以用来防治哪些蔬菜常见病害？使用时应注意哪些问题？

氧氯化铜为一种无机保护性杀菌剂，又名碱式氯化铜、王铜。对植物具有保护作用，喷施在植物表面后通过铜离子杀死病菌。对人畜低毒。该药原药为绿色至蓝绿色粉末状晶体，难溶于水。使用该药时不能与石硫合剂、多菌灵、托布津等药剂混用。高温、阴湿天避免施药。

防治：

①防治黄瓜角斑病，在发病前或发病初期用84.1%可湿性粉剂240～400倍液喷雾，防治效果较好。

②防治番茄叶霉病，在发病前或发病初期用84.1%可湿性粉剂240～400倍液喷雾，防治效果较好。

注意事项：

①不能与石硫合剂、松脂合剂等碱性药剂混用，但可与其他农药混用。

②放置时间较长时稍有分层，但不会失效，用时搅匀即可。

82. 蔬菜病害常用杀菌剂有哪些类别？

常见杀菌剂可以按照按原料来源不同分为以下类别：

(1)无机类杀菌剂

大多由矿物原料加工而成，价格便宜，对环境污染小，残效期长，对人畜毒性小，不易使病菌等产生抗药性，但药效不高，易使作物产生药害。主要有波尔多液、石硫合剂、络氨铜、硫磺、氧氯化铜、碱式硫酸铜、氧化亚铜。

(2)有机杀菌剂

为人工合成的有机化合物农药，用量少，见效快，用途广，但易污染环境，易使病害产生抗药性，对人畜不安全。其中有机硫类杀菌剂主要有代森铵、代森锌、代森锰锌、抗生素402(乙蒜素)和福美双；有机磷类杀菌剂主要有乙膦铝；有机砷类杀菌剂主要有福美砷和田安；取代苯类杀菌剂主要有甲基托布津、多菌灵、瑞毒霉、百菌清、苯莱特和土壤散；有机杂环类杀菌剂主要有农利灵、粉锈宁、扑海因、菌核净、速克灵、特克多和乐比耕。

(3)抗生素类杀菌剂

这类农药无污染,不杀伤天敌,对人畜安全,不易使有害生物产生抗药性,但应用范围窄,见效慢,效果不稳定。常见杀菌剂主要有农抗120、多氧霉素(多抗霉素、宝丽安)、农用链霉素。

(4)混配型杀菌剂

主要有843康复剂(腐植酸铜)、双效灵、百菌通(DTMZ)、灭病威(多硫胶悬浮剂)、甲霜灵·锰锌(瑞毒霉·锰锌、雷多米尔·锰锌)、乙膦铝锰锌、甲酸铜(瑞毒铜)、甲霜铝铜、混合氨基酸铜锌锰镁、福多。

☞ 83.克芜踪主要特点是什么?能防治哪些常见菜园杂草?使用时有哪些注意事项?

又称百草枯、草枯灵、对草快。克芜踪属有机杂环类触杀型、无选择性的灭生性除草剂。具有触杀和一定的内吸作用,耐雨水冲刷,药后0.5 h下雨不影响药效,高温、强光可加速杂草死亡。该药对单、双子叶植物的绿色组织均有很强的破坏作用。该药无传导作用,只能使绿色部位受害,易被土壤吸附钝化而失去活力,施药后有杂草再生现象;毒性中等。对人畜较安全,对蜜蜂低毒,对鸟类、鱼类和天敌安全。

防治:

①在蔬菜出苗前,每667 m^2 直接用20%百草枯水溶液200～300 mL(有效成分40～60 g),对水20～30 kg,进行叶面处理,3天后残株呈褐色变软。蔬菜地出苗或移栽后行间用20%百草枯水溶液150～200 mL(有效成分30～40 g)进行一次定向处理,可取得很好的防效。

②杂草出苗至开花期施药均可，但以草高 15～20 cm 最佳。

③无内吸作用，要喷湿整株杂草。

④克芜踪与敌草隆、西玛津、利谷隆等除草剂混配可提高防治效果。

注意事项：

①宜在蔬菜行间使用，切勿将药溅到蔬菜叶片和绿色部分，以免发生药害。

②为提高药液展着性，可在药液中加入 0.1%洗衣粉。

③光照可加速本品的药效发挥。

④药后 30 min 遇雨时能基本保证药效。

⑤属中等毒性及有刺激性液体，需以金属器具盛装，把盖子盖紧防止外溢。

⑥一年只能使用 1 次。

84. 敌草隆主要特点是什么？能够防治哪些常见菜园杂草？使用时有哪些注意事项？

又名敌芜伦。敌草隆是取代脲类广谱内吸传导型土壤处理剂。由杂草根部吸收，向上传导到绿色部分，对种子萌发无明显影响；降雨量、气温和土壤类型对敌草隆的药效影响很大，气温高、雨水多、杂草萌发和生长迅速，除草效果好。持效期长达 2～3 个月，田间一次施药可基本控制全年杂草危害；对人畜毒性低，对鱼类和水生生物毒性小，对土壤微生物无不良影响。

防治：在早春杂草萌发高峰期，每 667 m^2 用 25%敌草隆可湿性粉剂 200～250 g，对水 40～50 kg 喷雾土表，可防治苋菜、蓼、藜、狗尾草、旱稗、马唐等一年生杂草，对香附子、狗牙根等多年生杂草也有一定的抑制作用。

注意事项：

①宜在气温高、雨水多、杂草萌发整齐时应用。

②药剂对蔬菜的叶片有药害，避免药液飘移到蔬菜叶片上。

③沙质土壤不宜使用该药，或用量酌减。

④此药对鱼有毒，应防止药剂污染水源。

⑤用过的药械器具要及时冲洗干净。

85. 恶草酮主要特点是什么？能够防治哪些常见菜园杂草？使用时有哪些注意事项？

又称恶草灵、农思它、农便友。恶草酮是选择性芽前、芽后土壤处理剂。药剂由杂草的幼苗吸收积累在生长旺盛部位，抑制生长，进而将草杀死。该药剂在有光的条件下才能发挥作用，药后连续晴天药效迅速；在土壤中代谢较慢，持效期在2～6个月或以上。对人畜低毒。

防治：春季杂草发芽出土前，每667 m^2 用25%农思它乳油100～200 mL，对水40～50 kg，于土壤表面喷雾处理，土壤湿润有利于药效发挥。该药剂对叶片有触杀作用，不能对蔬菜叶片喷雾。

注意事项：

①不要在强风下施药，施药时不要吸烟，以防中毒。

②药剂应存放在原包装中，放在儿童、禽、畜接触不到的地方。

③存放在低温、干燥处，勿使阳光直射药品。

86. 氟乐灵主要特点是什么？能够防治哪些常见菜园杂草？使用时有哪些注意事项？

又名特福力、氟特力、氟利克、茄科宁。氟乐灵是一种苯胺类选择性的芽前土壤处理剂，只通过幼芽、幼根吸收，抑制幼芽和次生根生长，但出苗后的茎和叶不能吸收。氟乐灵防治谱较广，对一年生禾本科以及种子繁殖的多年生杂草和某些阔叶杂草有较好的防除作用。该除草剂易光解、挥发，在土壤中降解速度快，残留量很小，潮湿和高温会加快它的分解速度。对人畜低毒，持效期较长，一般用药1次基本能控制整个生育期的杂草。

防治：

①播前土壤处理：十字花科蔬菜、油菜等在播前3～7天，每667 m^2用48%乳油100～150 mL喷雾，并混土；芹菜、架豆、胡萝卜、茴香、豇豆等可在施药后立即播种，施药后立即混土，不会发生药害。

②播后苗前土壤处理：豆科蔬菜，播后苗前每667 m^2用48%乳油100～200 mL，对水均匀喷雾，施药后立即浅混土。

③苗后或移栽后施药：番茄、茄子、青椒、甘蓝和花椰菜在移栽后杂草出苗前，每667 m^2用48%乳油100～150 mL，对水均匀喷雾，施药后立即混土。对移栽的大白菜、芹菜、老根韭菜等，可在移栽缓苗后杂草出苗前施药，每667 m^2用48%乳油100～150 mL，对水均匀喷雾，施药后立即混土。

注意事项：

①本药剂存放时应避免阳光直射，不要靠近火源和热

气，保存在 40℃以下阴凉干燥处。

②施药时避免吸入雾气，操作时应戴风镜和防渗手套。若皮肤和眼睛接触药液，应立即用大量水冲洗；若刺激作用仍不消失，应送医院医治；若误吞服，应立即催吐。

③春季天气干旱时，施药后立即混土保墒。

87. 拿捕净主要特点是什么？能够防治哪些常见菜园杂草？使用时有哪些注意事项？

拿捕净，又称稀禾定、禾莠净、乙草丁。拿捕净是选择性强的内吸传导型茎叶处理用除草剂。禾本科杂草茎叶吸收较快，传导到叶尖和节间分生组织处累积，破坏细胞分裂，使生长点和节间组织坏死，药后 3 天受药植株停止生长，2～3 周内全株枯死。对阔叶作物安全，在土壤中持效期较短，施药当天可播种阔叶作物；对人畜低毒，对蜜蜂和鸟类无任何毒性反应。

防治：

①拿捕净为苗后茎叶处理剂，可用于甜菜、油菜、马铃薯等阔叶蔬菜作物田防除一年生禾本科杂草，在杂草 3～5 叶期，每 667 m^2 用 20%乳油 65～100 mL，对水 25～40 kg 进行茎叶喷雾；防除多年生杂草狗牙根、芦苇、白茅等，在杂草 3～4 叶期，每 667 m^2 用 20%乳油 200～400 mL，对水 25～40 kg 进行茎叶喷雾。

②在夏、秋季杂草种类多的情况下，用 20%拿捕净乳油与 50%莠去津可湿性粉剂混合喷雾于杂草上，可提高除草效果。

③拿捕净耐雨水冲刷，喷药后几小时下雨无需重喷，喷药后 7～14 天杂草枯死。

注意事项：

①为了同时防除阔叶杂草剂，可与阔叶杂草除草剂混用。

②施药时间以早、晚为好，中午高温时不宜施药。

③喷药时应注意防止药雾飘移到临近的单子叶作物上，施药器械用后彻底清洗干净。

④用后剩余的药液不能倒入湖泊、河流和水库等，盛原药的容器用后深埋。

88. 扑草净主要特点是什么？能够防治哪些常见菜园杂草？使用时有哪些注意事项？

扑草净，又称割草佳。扑草净是一种低毒选择性内吸传导型除草剂。通过根部及茎叶渗入吸收，运输至绿色部分抑制光合作用，使中毒杂草逐渐失绿干枯死亡。施药后可被土壤黏粒吸附，形成药层，杂草萌发出土时接触药剂而中毒，对刚萌发的杂草防效最好。杀草谱广；持效期20～70天，旱地较水田长，黏土中更长。扑草净属微毒性除草剂，对人畜安全，对鱼类、鸟类、蜜蜂低毒。

防治：可用于蔬菜田防除一年生单、双子叶杂草，如稗草、马唐、狗尾草、藜、扁蓄、苋菜、马齿苋、早熟禾等。

①防除胡萝卜、芹菜、大蒜、洋葱、韭菜、茴香等作物田杂草，可在播种时、播后苗前或1～2叶期，每667 m^2 用50%扑草净可湿性粉剂100 g，对水50 kg，喷雾处理。

②水生蔬菜如藕田，一般在栽藕后7～10天，每667 m^2 用50%扑草净可湿性粉剂40～50 g，对水30～50 L喷雾处理，或混土20 kg撒施。施药时田间水深3～5 cm，保水5～7天后按正常管理。

注意事项：

①有机质含量低的沙质土不宜施用，否则效果差。

②菜园土壤处理施药后，应保持表土湿润才能有效。

③喷过扑草净的器具要反复冲洗干净，才能避免下次用药不发生药害。

89. 稳杀得主要特点是什么？能够防治哪些常见菜园杂草？使用时有哪些注意事项？

稳杀得，又称吡氟禾草灵、氟草除。吡氟禾草灵属苯氧羧酸类内吸传导型茎叶处理剂，具有优良的选择性，对禾本科杂草杀伤力强，对阔叶作物安全，对双子叶杂草无效。该药药效发挥较慢，一年生杂草10～15天开始中毒死亡；加大用药量亦能杀死茅草、芦苇等深根性禾本科杂草，并对残留株具有强烈的抑制作用。吡氟禾草灵在土壤中降解速度较快，对人畜低毒，在低用量下或禾草生长较大、干旱条件下，不能完全杀死杂草。

防治：

①防治浅根性的一年生及多年生禾本科杂草，在杂草4～6叶期，草高5～15 cm时施药效果最好。每667 m^2 用35%稳杀得乳油65～100 mL，对水30 kg，进行茎叶喷雾处理。

②防治芦苇、白茅等深根性杂草，应加大剂量，一般每667 m^2 用35%稳杀得乳油130～160 mL，对水30 kg，在杂草3～5叶期，草高5～15 cm时施药，进行茎叶喷雾处理。

③防治一年生杂草，以禾草幼小时喷药效果最佳。

注意事项：

①稳杀得必须充分均匀地喷透杂草茎、叶，才能获得较好的防除效果。

②相对温度较高时除草效果好。在温度高、干旱条件下施药,要用剂量的最高限。

③对于阔叶杂草较多的菜园,内无间种作物,可用阔叶性除草剂与稳杀得混用,或先后使用。

④本品应密封存放在阴暗的地方,注意防火。

90. 西玛津主要特点是什么?能够防治哪些常见菜园杂草?使用时有哪些注意事项?

西玛津,又名西吗嗪。西玛津是一种选择性内吸传导型土壤处理除草剂。被杂草的根系吸收后传导到绿色叶片内,能抑制杂草光合、蒸腾和呼吸作用,从而把杂草杀死。西玛津在土壤中不易向下移动,在土壤表层形成药层,对深根性杂草效果不好。持效期可长达 1 年。西玛津对人畜低毒,对鱼、蜜蜂无毒。

防治:一般在 4～5 月份,田间杂草开始萌动出土前,将菜园内越冬杂草和已出土的杂草铲除干净后,每 667 m^2 用 40%西玛津胶悬剂 300～400 mL 或 50%西玛津可湿性粉剂 150～200 g,对水 30～50 kg,对土壤表面进行均匀喷雾,可有效防除菜园内杂草。

注意事项:

①西玛津残效期较长,对一些敏感作物如豆类、瓜类等的生长有影响,因此,使用过西玛津的菜园最好不要间种这些作物。

②西玛津用药量根据土壤的有机质含量、土壤质地、气温而定。一般气温高、有机质含量低的沙质土用量低,反之用量高。

③苗圃和幼苗园不宜施用,以免产生药害。

☞ 91. 莠去津主要特点是什么？能够防治哪些常见菜园杂草？使用时有哪些注意事项？

莠去津，又称阿特拉津、盖萨林、贝它津、保玉2号。莠去津是选择性内吸传导型苗前、苗后除草剂。以根系吸收为主，茎叶吸收较少，药剂经根系吸收后传导到分生组织及叶部，抑制光合作用，能有效地防除菜园中的一年生禾本科杂草和阔叶杂草。莠去津水溶性大于西玛津，易被雨水淋洗至较深层，故对深根杂草也有抑制作用。莠去津在土壤中可被微生物分解，残效期比西玛津短，约半年。莠去津对人畜低毒，无刺激作用。

防治：

①毒土法，用莠去津防除菜园内杂草，在杂草出土前，每667 m^2 用40%莠去津悬浮剂300～400 mL，加50～80 kg细土混匀，施于地表面。

②喷雾法，在4～5月份，菜园内杂草萌发期至二叶期做茎叶处理，每667 m^2 用40%莠去津悬浮剂300～400 mL，对水40～60 kg，进行地表或茎叶喷雾处理。

注意事项：

①核果类果树对莠去津敏感，表现为叶黄、缺绿、落果，故不宜在核果类果园中施用。

②该药残效长，量大时对后茬作物如豆类等有药害，可采用低剂量与乙草胺等除草剂混用，提高除草效果，扩大杀草谱，对后茬作物安全。

③不能任意加大药量，不能重喷。

④含沙量高和有机质含量很低的果园土壤不能使用。

⑤作播后苗前土壤处理时，要求施药前地要整平整细。

☞ 92. 双甲脒主要特点是什么？能够防治哪些常见蔬菜害螨？使用时有哪些注意事项？

双甲脒，又称螨克。双甲脒系广谱杀螨剂，有触杀、拒食、驱避作用，也有一定胃毒、熏蒸和内吸作用；对叶螨各种虫态都有效，但对越冬卵效果差，对其他杀螨剂有抗性的螨也有效。药效迅速，药后有效控制期短，用于防治梨木虱效果好；对人畜低毒，对蜜蜂也比较安全。

防治：

①茄子、豆类蔬菜上的红蜘蛛，在若螨盛发期，平均每叶螨数 2～3 头时，用 20％乳油 1 000～2 000 倍液喷雾。

②西瓜、冬瓜上的红蜘蛛，在若螨盛发期，每叶平均螨数 3～5 头时，用 20％乳油 2 000～3 000 倍液喷雾。

注意事项：

①气温低于 25℃时使用双甲脒，药效缓慢而效果差，天晴高温时有利于发挥药效。

②不要和碱性农药混用，也不要与波尔多液混合使用，以免产生药害；且使用双甲脒 1 周前和施后 2 周内均不宜使用波尔多液或碱性农药。

③每年用药不宜超过 2 次。

④避免低温、冷冻，贮存于阴凉处。

☞ 93. 阿维菌素主要特点是什么？能够防治哪些常见蔬菜害虫？使用时有哪些注意事项？

阿维菌素，又称齐螨素、海正灭虫灵、7051 杀虫素、螨虱净、百特灵、强棒、维多力、爱福丁、阿巴丁、螨虫盖特、农哈哈、虫螨克、阿维虫清等。阿维菌素是一种农用抗生素类杀虫、杀螨剂，属昆虫神经毒剂；具触杀和胃毒作用，无内吸性，但有较强的渗透作用，并能在植物体内横向传导，杀虫(螨)活性高，比常用农药高 5～50 倍，用药量仅为常用农药的 1%～2%；对胚胎未发育的初产卵无毒杀作用，但对胚胎已发育的后期卵有较强的杀卵活性。该药剂对抗药性害虫有较好的防效，与有机磷、拟除虫菊酯和氨基甲酸酯类农药无交互抗性，残效期 10 天以上；具有高效、广谱、低毒、害虫不易产生抗性、对天敌较安全等特点。

防治：

①红蜘蛛、茶黄螨，用 1.8%乳油 6 000～8 000 倍液喷雾，残效期为 15～30 天。

②蔬菜上美洲斑潜蝇、潜叶蝇，用 1.8%阿维菌素乳油 3 000～4 000 倍液喷雾，残效期为 7～10 天。

③蔬菜小菜蛾、菜青虫，用 1.8%阿维菌素乳油 3 000～4 000 倍液喷雾，残效期为 7～10 天。

注意事项：

①该药剂无内吸性。

②喷药时应注意喷洒均匀。

③不能与碱性农药混用。

④夏季中午不要喷药，以避免强光、高温对药剂的不利影响。

⑤浮游生物、蜜蜂、蚕及某些鱼类对本品敏感，使用时应多加注意。

⑥如误服齐螨素，可服用吐根糖浆或麻黄素解毒。

☞ 94. 苏云金杆菌主要特点是什么？能够防治哪些常见蔬菜害虫？使用时有哪些注意事项？

苏云金杆菌，简称 Bt，又称杀虫菌 1 号、敌宝、益万农、菌杀敌、快来顺等。苏云金杆菌是包括许多变种的一类芽孢杆菌，是一种好气性细菌性杀虫剂，它能产生内、外两种毒素，其内毒素即伴孢晶体是主要的毒素；对人畜无害，无残毒，对作物无药害，具有不污染环境，不杀伤天敌，害虫不产生抗药性等优点。我国生产的 Bt 乳剂中大多加入 0.1%～0.2%拟除虫菊酯类杀虫剂，可加快害虫死亡速度，并能增强防效。

防治：主要用于防治蔬菜的多种鳞翅目幼虫，也可用于防治直翅目、鞘翅目、膜翅目等食叶害虫。用喷雾的方法可防治菜青虫、小菜蛾、菜螟、斜纹夜蛾、甘蓝夜蛾、甜菜夜蛾、印纹夜蛾以及发生在蔬菜上的棉铃虫。

注意事项：

①喷药时应避开中午强光，最好在下午 4～5 时后进行，阴天可全天使用。

②可与多种杀虫剂和化肥、微肥混用，但不能与杀菌剂混用。

③禁止在蚕区应用，否则会引起蚕中毒死亡。

④喷雾时应随配随用，不可过夜。

⑤应在干燥阴凉处贮存，不可暴晒。

⑥一般有效期 2 年。

95. 白僵菌主要特点是什么？能够防治哪些常见蔬菜害虫？使用时有哪些注意事项？

白僵菌是一种真菌性杀虫剂，其孢子接触害虫后产生芽管，通过皮肤侵入其体内长成菌丝，并不断繁殖，使害虫新陈代谢紊乱而死亡。该制剂对人畜无毒，对果树安全，但对蚕有害。害虫感染白僵菌死亡的速度缓慢，经过4～6天后才死亡。白僵菌与低剂量化学农药(25%对硫磷微胶囊、48%乐斯本等)混用有明显的增效作用。

防治：防治松毛虫等害虫，用孢子150万亿～180万亿个，可直接对水喷雾，也可将菌粉与防治松毛虫的化学杀虫剂混用，使含孢子1亿/g，每667 m^2 用混合粉1.5～2 kg。也可采集发病死亡虫尸，放到松林中，扩大污染面积。

注意事项：

①使用时要随配随用，配好的菌液要在2 h内喷完，以免孢子过早萌发，失去致病能力。

②可和杀虫剂混用，或加入少量洗衣粉提高药效，但不能和杀菌剂混用。

③在养蚕区周围的菜园不宜使用。

④菌剂应放在阴凉干燥处贮存，以免受潮失效。

⑤菌粉配制液剂时，加入少量洗衣粉，容易湿润菌粉和加水稀释。

⑥白僵菌对人的皮肤有过敏反应，有时会出现皮肤刺痒、嗓子干、痰多等现象，使用时应注意防护。

96. 苦参碱主要特点是什么？能够防治哪些常见蔬菜害虫？使用时有哪些注意事项？

苦参碱，又名绿宝清、百草一号、绿宝灵等。苦参碱是由中草药植物苦参的根、茎、叶、果实经乙醇等有机溶剂提取制成的生物碱，纯品为白色粉末。本药剂属植物神经毒剂，害虫接触药剂后可使神经麻痹，蛋白质凝固堵塞气孔窒息而死。苦参碱是天然植物性农药，对人畜低毒，具触杀和胃毒作用，属广谱性植物杀虫剂。

防治：

①防治菜青虫，在成虫产卵高峰后 7 天左右，幼虫 3 龄前进行防治，每 667 m^2 用 1%苦参碱醇液 50～120 mL，或 0.3%苦参碱水剂 500～600 mL，加水 40～50 kg，进行均匀喷雾。

②防治蔬菜蚜虫，在蚜虫发生期施药防治，防治用药品种、用药量及使用方法同菜青虫。

③防治韭菜蛆，在蚜虫发生期施药防治，每 667 m^2 用 1.1%苦参碱粉剂 2～4 kg，加水 1 000～2 000 kg 灌根。

注意事项：

①本品无内吸性，喷药时注意喷洒均匀周到。

②不能与碱性农药混用。

③本品速效性差，应搞好虫情预测预报，在害虫低龄期施药防治。

97. 卡死克主要特点是什么？能够防治哪些常见蔬菜害虫？使用时有哪些注意事项？

卡死克，又称氟虫脲，是一种酰基脲类昆虫生长调节剂的杀虫、杀螨剂，属高效、低毒药剂。对害虫和螨类具有触杀和胃毒作用；该药剂不杀卵，对成螨亦无直接杀伤作用，但可使其寿命缩短，产卵量减少或卵不孵化，孵化出的幼螨亦会很快死亡，是目前酰基脲类杀虫剂中杀螨效果最好的一种。药效缓慢，施药后 2～3 h 害虫、害螨可停止取食，3～5 天达到高峰，10 天左右才能看出明显效果，对人畜低毒，对叶螨天敌安全，对多种蔬菜害虫亦有较好的防治效果，是较为理想的选择性杀虫、杀螨剂。

防治：

①防治小菜蛾，在叶菜苗期或生长前期，1～2 龄幼虫盛发期，或叶菜生长中后期，或莲座后期至包心期，2～3 龄幼虫盛发期，用卡死克 5%乳油 1 000～2 000 倍液喷雾。对菊酯类农药产生抗性的小菜蛾亦有良好防治效果。

②防治菜青虫，在 2～3 龄幼虫盛发期，用卡死克 5%乳油2 000～3 000 倍液喷雾。

③防治豆荚螟，在豇豆、菜豆等开花盛期，幼虫孵化初盛期，每 667 m^2 用卡死克 5%乳油 50～75 mL 对水喷雾。在早晨和傍晚花瓣展开时用药，隔 10 天再喷 1 次，全期共喷药 2 次，能有效防治豆荚被害。

④防治茄子红蜘蛛，在若螨发生盛期，平均每叶螨数 2～3 头时，用卡死克 5%乳油 1 000～2 000 倍液喷雾。

注意事项：

①不能与碱性农药混用，和波尔多液的间隔喷药时间为 10 天左右；反之，用过波尔多液后，要间隔更长时间才能使用卡死克。

②防治螨类应在幼、成螨盛发期施药。

③对脊椎水生生物高毒，不可污染水域。

④作用较慢，需比有机磷和菊酯类药剂提前 3 天左右喷施。

⑤若误食，应立即请医生诊治，并做洗胃治疗。

98. 苯丁锡主要特点是什么？能够防治哪些常见蔬菜害虫？使用时有哪些注意事项？

苯丁锡，又名托尔克、抗螨锡、螨完锡、克螨锡、螨得斯等。苯丁锡是一种有机锡类长效专性杀螨剂，对有机磷和有机氯有抗性的害螨有较好的防效，对其不产生交互抗性。对害螨以触杀作用为主，无内吸性；杀螨作用缓慢。该药持效期是杀螨剂中较长的一种，可达 2～5 个月。对幼、若螨和成螨药效均好，但对卵的杀伤力不强，对害螨的天敌如瓢虫和草蛉等影响很小，在冬季不宜使用。该药为低毒农药，对人畜安全，对蜜蜂、鸟类低毒，对天敌昆虫安全，对鱼类高毒。

防治：

①防治柑橘红蜘蛛，在 4 月下旬到 5 月份，用 50%可湿性粉剂 2 000 倍液，均匀喷雾。夏秋季节降雨少可用 2 500 倍液喷雾，残效期一般在 2 个月左右。

②防治柑橘锈螨，在柑橘坐果期和果实上虫口增长期，用 50%可湿性粉剂 2 000 倍液，均匀喷雾。夏秋季节，可收到良好的防治效果。

注意事项：

①苯丁锡开始时作用较慢，一般在施药后 2～3 天才能较好发挥药效，故应在害螨盛发期前，虫口密度较低时施用。

②苯丁锡可与多种杀虫剂、杀菌剂混合使用，但若与高浓度的波尔多液混用时，药效有所下降，一般喷施本药后 7～10 天才能喷施波尔多液，若先喷波尔多液，需间隔 20 天再喷苯丁锡。

③最多年施药次数为 6 次，最好是 2～3 次。

④本剂应避免连续施用，最好与杀螨作用不同的杀螨剂轮换施用，以免产生抗药性。

⑤苯丁锡对眼睛、皮肤和呼吸道刺激性较大，施药时要搞好安全防护工作。

99. 灭幼脲主要特点是什么？能够防治哪些常见蔬菜害虫？使用时有哪些注意事项？

灭幼脲，又称灭幼脲3号、扑蛾丹、蛾杀灵、劲杀幼等。灭幼脲是一种昆虫生长调节剂，属苯甲酰基类特异性杀虫剂。主要是胃毒作用，也有一定的触杀作用，但无内吸性。对鳞翅目和双翅目幼虫有特效，不杀成虫，但能使成虫不育，卵不能正常孵化。毒性低，对人畜和植物安全，对天敌杀伤小，残效期长达15～20天，耐雨水冲刷。

防治：每667 m^2 用25%悬浮剂30～50 mL，加水40～50 kg喷雾，可防治蔬菜上的菜青虫、小菜蛾、棉铃虫等。防治适期为卵孵化盛期或低龄幼虫期。

注意事项：

①本药剂为胶悬剂，有沉淀现象，使用时一定要摇匀后再对水稀释。

②不能与碱性农药混用，避免减效。

③该药药效缓慢，应在初龄幼虫期使用。

④该药对作物无内吸作用，喷药要周到均匀。

⑤不要在桑园及其附近使用。

⑥施药3～4天才显出药效，不要施药后未立即见效又重喷药，避免浪费。

⑦贮存在密闭阴凉处。

100. 辛硫磷主要特点是什么？能够防治哪些常见蔬菜害虫？使用时有哪些注意事项？

辛硫磷，又称倍腈松、肟硫磷，是一种广谱、低毒、低残留的有机磷杀虫剂。杀虫谱广，速效性好，残效期短，遇光易分解。对鳞翅目害虫的大龄幼虫和土壤害虫效果较好，并能杀死虫卵和叶螨。对人畜毒性低，对鱼类、蜜蜂和天敌高毒。对害虫以触杀和胃毒作用为主，无内吸性，但有一定的熏蒸作用和渗透性。叶面喷雾残效期仅有3～5天，但在土壤中可达1～2个月，以后被土壤微生物分解，无残留。

防治：

①蔬菜上的菜青虫、小菜蛾、棉铃虫、烟青虫、蚜虫和红蜘蛛，用45%乳油1 500倍液喷雾。

②可防治韭菜、葱、蒜等菜田的根蛆，用50%乳油2 000倍液灌根。

③地老虎幼虫，用50%乳油1 000倍液灌浇。

注意事项：

①遇光极易分解失效，应避免在中午强光下喷药，宜在傍晚或阴天喷药较好。

②不能与碱性农药混用，药液随配随用，配好的药液不要超过4 h后施用，以免影响药效。

③大豆、玉米、高粱、瓜类以及十字花科蔬菜对辛硫磷敏感。

④收获前15天禁用。

⑤贮存于阴凉避光处。

☞ 101. 吡虫啉主要特点是什么？能够防治哪些常见蔬菜害虫？使用时有哪些注意事项？

吡虫啉，又名海正吡虫啉、一遍净、蚜虱净、大功臣、康复多等，是新一代氯代尼古丁杀虫剂。具有广谱、高效、低毒、低残留，害虫不易产生抗性，对人畜低毒，对植物和天敌安全等特点，并有触杀、胃毒和内吸多重药效。主要用于防治刺吸式口器害虫，残留期长达25天左右。药效和温度呈正相关，温度高，杀虫效果好。

防治：可以防治蔬菜上的蚜虫、蓟马，每667 m^2 用10％可湿性粉剂10～15 g对水喷雾。残效期可达15天。

注意事项：

①不能与碱性农药混用。

②果品采收前15天停用。

③不宜在强光下喷雾使用，以免降低药效。

④药品放于阴凉干燥处存放。

102. 马拉硫磷主要特点是什么？能够防治哪些常见蔬菜害虫？使用时有哪些注意事项？

马拉硫磷，又称马拉松、防虫磷、马拉赛昂等，是一种高效、低毒、广谱有机磷类杀虫剂。具有触杀和胃毒作用，也有一定的熏蒸和渗透作用，对害虫击倒力强，但其药效受温度影响较大，高温时效果好。对人畜低毒，对作物安全，对鱼类中毒，对天敌和蜜蜂高毒，残效期短。具浓厚蒜味，微溶于水，可与多种有机溶剂混溶，遇酸性或碱性物质易分解失效，对铁有腐蚀性。

防治：

①用50％马拉硫磷乳油1 000倍液喷雾，可防治菜蚜、菜青虫、黄条跳甲、豆天蛾、豆芫菁、甜菜夜蛾、潜叶蝇、飞虱等。

②用50％马拉硫磷乳油1 000～1 500倍液喷雾，防治蔬菜上的红蜘蛛。

注意事项：

①不能与碱性农药混用，不要用金属容器盛装。

②对蜜蜂有毒，应避开花期使用。

③本品易燃，在使用、运输和贮存过程中严禁烟火。

④马拉硫磷持效期短，施药时务必使药液接触虫体，以充分发挥药效。

⑤瓜类和番茄幼苗对该药敏感。

103. 氰戊菊酯主要特点是什么？能够防治哪些常见蔬菜害虫？使用时有哪些注意事项？

氰戊菊酯，又称速灭杀丁、速克死、中西杀灭菊酯、敌虫菊酯、速灭菊酯。属拟除虫菊酯类杀虫剂，对害虫主要有触杀和胃毒作用，无内吸和熏蒸作用，有一定的驱避作用和杀卵作用，对害虫击倒力强，使其运动神经失调，导致痉挛、麻痹而死亡。效果迅速，持效期长，可达 10～15 天。对人畜低毒，对家禽毒性小，对蚕、蜜蜂、鱼类和天敌毒性大。该药品的药效有负温度效应，即低温下使用比高温效果好，可与多种有机磷和氨基甲酸酯类农药混用，并有增效作用。

防治：

①防治十字花科蔬菜蚜虫，在菜蚜盛发期，可用 20% 乳油 450～600 倍液均匀喷雾防治，持效期 7～10 天。

②防治十字花科蔬菜菜青虫，在菜青虫幼虫 2～3 龄发生期防治，可用 20%乳油 450～600 倍液，25%乳油1 875～3 750 倍液，40%乳油 2 000～3 000 倍液均匀喷雾。

③防治叶菜类蔬菜害虫，用 20%乳油 1 500～3 000 倍液均匀喷雾，隔 10 天左右再施药 1 次。

注意事项：

①不能与石硫合剂、波尔多液等碱性农药混用，以免降

低药效。

②该药主要是触杀作用，喷药要均匀周到，接触虫体方能杀死害虫，因对螨类无效，且对天敌杀伤重，连续使用可引起害螨猖獗，故可与杀螨剂混用。

③避免连续使用，以免产生抗药性，最好一年不超过1次，可与有机磷农药轮换、交替使用。

④避免药剂对鱼塘、桑园和养蜂场所的污染。

⑤采收前14天禁用。

⑥使用中，如药液溅入眼中，应立即用大量清水冲洗；如药液溅到皮肤上，应用肥皂水冲洗干净；如误服中毒，应立即喝大量盐水促使呕吐，或慎重洗胃；对全身中毒者，可用二苯基甘醇酰脲或苯乙基巴比特酸对症治疗。

☞ 104. 甲氰菊酯主要特点是什么？能够防治哪些常见蔬菜害虫？使用时有哪些注意事项？

甲氰菊酯，又名灭扫利、韩乐村、灭扫星、灭虫螨、都克。是一种拟除虫菊酯类杀虫、杀螨剂，对害虫有较强的触杀、胃毒作用和一定的驱避作用，无内吸和熏蒸作用；渗透性强，耐雨水冲刷，残效期10～15天，杀虫效果好，杀卵差，毒性中等；具有高效、广谱、低残留，对人畜和植物安全等特点，对鱼类和家蚕高毒，对鸟类低毒，对人的皮肤和眼睛有刺激性，药效不受温度影响。由于杀伤天敌严重，故不宜作杀螨剂使用；但在害虫、害螨并发时，可虫螨兼治。

防治：

①防治十字花科蔬菜小菜蛾、菜青虫等，在其幼虫2龄盛发期，可用10%乳油1 200～1 500倍液，20%乳油2 000～2 400倍液，均匀喷雾，持效期7～10天。注意对菊

酯类农药已产生抗性的小菜蛾等，防治效果不好。

②防治温室白粉虱，在若虫发生盛期，用 20% 乳油 2 500～5 000 倍液，均匀喷雾，持效期约 10 天。

③防治蔬菜叶螨，在害螨的成螨、若螨发生盛期施药防治，其使用浓度、方法同防治小菜蛾。

注意事项：

①除不能与波尔多液等碱性农药混用外，可与大多数杀虫、杀菌剂混用。

②该药无内吸性，喷药时要均匀周到，才能有效地消灭害虫，气温低时更能发挥药效。

③采前 14 天停用。

④施药要避开蜜蜂采蜜季节及蜜源植物，避免在鱼塘、蜂场和桑园附近果园施药。

⑤不能连续使用，必须与其他杀虫剂交替使用，以延缓抗药性的产生。

⑥施药要注意防护，皮肤接触药液有轻微刺激性，但很快恢复。

☞ 105. 高效氯氟氰菊酯主要特点是什么？能够防治哪些常见蔬菜害虫？使用时有哪些注意事项？

高效氯氟氰菊酯，又称功夫、神功、功力、天功、绿青丹。是一种高效拟除虫菊酯类的广谱性杀虫剂，具触杀、胃毒作用，无内吸作用，该药剂杀虫活性高，药效迅速，具有强烈的渗透作用，耐雨水冲刷，速效并有较长的持效期，既能杀灭鳞翅目幼虫，对蚜虫、叶螨亦有较好的防效。与其他拟除虫菊酯类杀虫剂相比，杀虫谱更广、活性更高、药效更为迅速，并且能杀死那些对常规农药如有机磷产生抗性的害虫，害虫对该药产生抗性缓慢；该药对人畜及有益生物毒性低。

防治：

①防治菜青虫，在 3 龄幼虫发生始期，用 5%乳油 900～1 200 倍液，10%乳油 2 000～6 000 倍液，12%乳油 2 000～3 000 倍液，20%乳油 4 000～6 000 倍液，25%乳油 4 090～5 625 倍液，5%微乳剂 1 000～1 500 倍液均匀喷雾。此浓度还可防治菜蚜、菜螟、豆荚螟等害虫，持效期约 15 天。

②防治小菜蛾，在 2 龄幼虫发生初期，用 10%乳油 3 000～6 000 倍液均匀喷雾。如小菜蛾对菊酯类农药已产生抗性，则防效差。

注意事项：

①不能与碱性药物混用。

②因无内吸性，喷药要均匀周到。

③害虫易产生抗性，不宜连续使用，需和其他杀虫剂交替使用。

④对螨类虽有杀伤作用，但残效期短，且杀伤天敌，不宜作为专用杀螨剂使用。

⑤安全间隔期，蔬菜收获前 1～5 天停止使用。

⑥避免在鱼塘、蜂场和桑园附近菜园施药。

106. 氟氯氰菊酯主要特点是什么？能够防治哪些常见蔬菜害虫？使用时有哪些注意事项？

氟氯氰菊酯，又名百树菊酯、百树得。氟氯氰菊酯属拟除虫菊酯类低毒、低残留杀虫剂，该药杀虫活性较高，主要是触杀和胃毒作用，也有一定的渗透性，无内吸传导和熏蒸杀虫作用。该药杀虫谱广，作用迅速，持效期长；对人畜低毒，对蔬菜安全，对蜜蜂、蚕和菜园天敌昆虫毒性高，高温时对本药的毒力影响不大。

防治：

①防治菜蚜、菜青虫，用5.7%乳油2 000～3 000倍液喷雾。

②防治小菜蛾、斜纹夜蛾、甜菜夜蛾、烟青虫、菜螟等，在2～3龄幼虫期，用5.7%乳油1 500～2 000倍液喷雾。对拟除虫菊酯杀虫剂已经产生轻度抗性的小菜蛾，使用本剂时应适当提高药液浓度或停用。

③防治大豆食心虫，于卵盛孵期或菜豆开花结荚期施药，每667 m^2用5.7%乳油26～40 mL对水喷雾。还可兼治豆蚜等其他害虫。

注意事项：

①不能在桑园、鱼塘、养蜂场所使用。

②本剂不能与波尔多液等碱性药剂混用。

③对蚕和蜜蜂有毒，使用时要注意。

107. 溴灭菊酯主要特点是什么？能够防治哪些常见蔬菜害虫？使用时有哪些注意事项？

溴灭菊酯，又名溴氰戊菊酯，属拟除虫菊酯类杀虫剂，兼有杀螨的效果。对害虫主要有触杀和胃毒作用，无内吸和熏蒸作用，对害虫击倒力强，使其运动神经失调、痉挛、麻痹而死亡，效果迅速，持效期长，可达15天左右。该药属微毒农药，对眼睛和皮肤均无刺激性，无致突变作用，对人畜及鱼类低毒。

防治：防治菜蚜、菜青虫，每 667 m^2 用 20％乳油 10～15 mL，对水 40～60 kg，均匀喷雾。

注意事项：

①本剂不宜在同一菜园或同一种害虫上多次施用，以免杀伤天敌和使害虫产生抗性。

②不能与石硫合剂、波尔多液等碱性农药混用，以免降低药效。

③该药主要是触杀作用，喷药要均匀周到，接触虫体杀死害虫，因对螨类无效，且对天敌杀伤重，连续使用会引起害螨猖獗，故可与杀螨剂混用。

④避免药剂对鱼塘、桑园和养蜂场所的污染。

108. 乙酰甲胺磷主要特点是什么？能够防治哪些常见蔬菜害虫？使用时有哪些注意事项？

乙酰甲胺磷，又名杀虫灵、高灭灵、全效磷、多灭磷、酰胺磷等。乙酰甲胺磷为内吸性有机磷杀虫剂，具有胃毒和触杀作用，并可杀卵，有一定的熏蒸作用，是缓效型杀虫剂；在施药后初效作用缓慢，2～3 天灭虫效果显著，后效作用强，属低毒杀虫剂，对人畜低毒，对鱼类和水生动物低毒安全，对家禽和鸟类低毒。该药抗雨水冲刷，残效期达 10～15 天。杀虫谱广，并有杀卵作用，杀虫机制是抑制胆碱酯酶活性，使害虫死亡。

防治：

①主要用于防治菜青虫等咀嚼式口器害虫，幼虫 2～3 龄期用 75％可溶性粉剂稀释 1 000～1 500 倍，25％可湿性

粉剂 3 000～4 500 倍，20％乳油 1 250～2 000 倍，30％乳油 1 250～2 000 倍，40％乳油 1 000 倍，均匀喷雾。

②防治蚜虫用 25％可湿性粉剂 3 000～4 500 倍，20％乳油 1 250～2 000 倍，30％乳油 1 250～2 000 倍，40％乳油 1 000 倍，均匀喷雾。

注意事项：

①使用时不要与碱性物质混用，以免降低药效。

②不宜在菜豆、向日葵、桑树、茶树上使用。

③安全间隔期，蔬菜收获前 7 天禁用。

④本剂贮存后乳剂有结块现象，摇匀或浸于热水中溶解后再用。

⑤乙酰甲胺磷易燃，在使用、运输和贮存中，应严禁烟火；在阴凉处贮存。

⑥中毒症状为典型的有机磷中毒症状，可用阿托品或解磷定解毒。注意对症治疗，防止脑水肿。

109. 敌百虫主要特点是什么？能够防治哪些常见蔬菜害虫？使用时有哪些注意事项？

敌百虫，又称虫快杀、荔虫净，是一种毒性低、杀虫谱广的有机磷杀虫剂。对害虫有很强的胃毒作用，兼有触杀作用，对植物具有渗透性，但无内吸传导作用，残效期 3～5 天。对人畜毒性低，对鱼类和蜜蜂低毒，只要不在盛花期采蜜时施药，对蜜蜂基本无害；对寄生蜂和捕食螨毒性大，对瓢虫中等毒或低毒。该药在常温下稳定，但在高温下遇水分解，在碱性溶液中迅速转化为毒性更大的敌敌畏，但不稳定，很快分解失效。

防治：

①防治十字花科蔬菜菜青虫，用 40%乳油稀释 500～750 倍液喷雾。

②防治蔬菜斜纹夜蛾等，可用 80%可溶性粉湿剂稀释 1 000 倍液喷雾。

③防治白菜、青菜菜青虫等，可用 97%可溶性粉剂稀释 727～910 倍液，敌百虫原药稀释 735～937 倍液喷雾。

④防治地下害虫，每 667 m^2 可用 97%可溶性粉剂 51～103 g，敌百虫原药 50～100 g 作毒饵。

⑤防治大豆造桥虫等，可用 97%可溶性粉剂稀释 485 倍液，敌百虫原药稀释 500 倍液喷雾。

注意事项：

①一般使用浓度(0.1%左右)对作物无药害。玉米、苹果对敌百虫敏感，尤其是高粱、豆类对敌百虫特别敏感，容易产生药害，不宜使用。

②蔬菜收获前 7 天停止使用。

③该药要现配现用，药液不能久放。

④中毒急救，解毒可用阿托品类药物，不能用碱性药物解毒。洗胃可用高锰酸钾溶液或清水，洗胃要彻底。忌用碱性液体洗胃和冲洗皮肤。

110. 杀虫双主要特点是什么？能够防治哪些常见蔬菜害虫？使用时有哪些注意事项？

杀虫双，又称杀虫丹、虫无双、抗虫畏等，是一种人工合成的沙蚕毒素类仿生性有机氮杀虫剂。对害虫具有较强的触杀和胃毒作用，并有一定的熏蒸作用，是一种神经毒剂；有很强的内吸性，通过根部吸收的能力，比叶片吸收要大得多；杀虫双高效、低毒、低残留，对人畜低毒，对皮肤和黏膜无刺激性，无致突变、致癌、致畸作用，对水生生物的毒性很小，对家蚕剧毒。

防治：防治蔬菜上的菜青虫、小菜蛾、菜蚜、棉铃虫等，每 667 m^2 用 25%水剂 150～200 mL，加水 50～75 kg 喷雾。施药适期为鳞翅目害虫卵盛孵期或其他害虫发生初期。

注意事项：

①白菜、甘蓝等十字花科蔬菜幼苗在夏季高温下对杀虫双反应敏感，易产生药害，不宜使用。

②用杀虫双水剂喷雾时，可加入 0.1%的洗衣粉，这样能增加药液的湿展性能，提高药效。

③对蚕毒性大，在蚕区应用时要慎重。

④25%杀虫双水剂能通过食道等引起中毒，中毒症状有头痛、头晕、乏力、恶心、呕吐、腹痛、流涎、多汗、瞳孔缩小、肌肉震颤等，重者出现肺水肿，与有机磷农药中毒症状相似，但胆碱酯酶活性不降低，应注意区分，遇有这类症状应立即去医院治疗。治疗以对症治疗为主，蕈毒碱样症状明显者可用阿托品类药物对抗，但需注意防止过量。据报道，口服中药当归、甘草对动物中毒有治疗效果。如误服毒物应立即催吐，并以 1%～2%苏打水洗胃，立即送医院治疗。

☞ 111. 扑虱灵主要特点是什么？能够防治哪些常见蔬菜害虫？使用时有哪些注意事项？

扑虱灵，又名优乐得、噻嗪酮、环烷脲。是一种选择性的昆虫生长调节剂，属高效、低毒杀虫剂，对人畜低毒，对植物和天敌安全，主要是触杀和胃毒作用，对介壳虫、粉虱、飞虱、叶蝉等害虫有特效，与常规农药无交互抗性。

防治：防治温室黄瓜、番茄等白粉虱，在低龄若虫盛发期，用25%可湿性粉剂2 000～2 500倍液均匀喷雾，有良好的防治效果。

注意事项：

①本药剂药效缓慢，应稍提前使用。

②优乐得应对水稀释后均匀喷洒，不可用毒土法施用。

③该药的药液不可直接接触白菜、萝卜，否则会产生褐斑和绿叶白化病等药害。

④对有机磷和氨基甲酸酯类具有抗药性的害虫，本剂效果良好。

⑤本剂具有内吸性，但以涂抹的内吸性最高，喷叶次之，根施吸收最差。

⑥贮存于阴凉干燥处，避免阳光直接照射。

112. 杀螟丹主要特点是什么？能够防治哪些常见蔬菜害虫？使用时有哪些注意事项？

杀螟丹，又名巴丹、派丹、乐丹等。杀螟丹是一种从沙蚕体内分离出来的有毒成分沙蚕毒素经人工合成的化合物，杀虫谱广，有很强的胃毒作用，并具有触杀和一定的拒食和杀卵作用。该药剂对人畜安全，但对家蚕、鱼类毒性大，是一个很有前途的新型杀虫剂。

防治：

①防治小菜蛾、菜青虫，在2～3龄幼虫期施药，用50%可溶性粉剂375～750 g/hm^2（有效成分187.5～375 g/hm^2），对水750～800 kg喷雾。

②防治黄条跳甲，防治重点是作物苗期，幼虫出土后，加强调查，发现危害立即防治，用药量及施药方法同小菜蛾。

③防治二十八星瓢虫，在幼虫盛期和分散危害前及时防治，用药量及施药方法同小菜蛾。

注意事项：

①对蚕毒性大，蚕区施药要防止药液污染桑叶和蚕室。对鱼有毒，应加注意。

②勿与碱性农药混用。

③白菜、甘蓝等十字花科蔬菜的幼苗，对该药剂较敏感，在夏季高温或生长幼弱时，不宜施药。

④使用杀螟丹原粉对水喷雾，应按药液的0.1%量加入中性洗涤剂，以增加药液的湿润展布性。

⑤杀螟丹毒性虽较低，但施用仍须戴安全防护工具，如不慎误服，应立即反复洗胃，从速就医。

⑥豆类、马铃薯对杀螟丹较敏感，这些作物不宜施用。

☞ 113. 氟铃脲主要特点是什么？能够防治哪些常见蔬菜害虫？使用时有哪些注意事项？

氟铃脲，又称杀铃脲、农梦特。氟铃脲是一种昆虫几丁质合成抑制剂，能抑制昆虫表皮几丁质的生物合成，使害虫在蜕皮或变态过程中死亡；能导致成虫不育，并有较强的杀卵作用。氟铃脲具有高效、广谱、低毒、对天敌安全等特点，但对蚜、螨等刺吸式口器昆虫无效。

防治：

①防治叶菜类蔬菜小菜蛾，在叶菜苗期或生长前期、1～2龄幼虫盛发期，叶菜生长中后期或莲座后期至包心期、2～3龄幼虫盛发期，用5%乳油1 000～2 000倍液喷

雾，药后15～20 天防效可达 90%以上。防治对菊酯类农药产生抗性的小菜蛾亦有好的效果。

②防治蔬菜菜青虫，在 2～3 龄幼虫盛发期，用 5%乳油2 000～3 000 倍液喷雾，药后 15～20 天效果可达 90%左右。

③防治豆荚螟，在豇豆、菜豆等开花盛期、幼虫孵化初盛期，每 667 m^2 用 5%乳油 50～75 mL 对水喷雾，在早晨和傍晚花瓣展开时用药，隔 10 天再喷 1 次，全期共喷药 2 次，能有效防止豆荚被害。

④防治茄子红蜘蛛，在若螨发生盛期，平均每叶螨数 2～3 头时，每 667 m^2 用 5%乳油 1 000～2 000 倍液喷雾，药后 20～25 天防治效果达 90%～95%。

注意事项：

①氟铃脲杀螨、杀虫作用缓慢，施药后 10 天左右药效明显。所以施药时间应较一般有机磷、拟除虫菊酯药剂提前 3 天左右。对害螨宜在若螨盛发期施药。

②勿与碱性农药混用，如波尔多液，间隔期需在 10 天以上。

③对食叶害虫应在低龄期使用，钻蛀性害虫应在产卵末期至卵孵化期使用。

④该药剂无内吸性和渗透性，喷药时要均匀周到。

⑤不能在桑园使用。

114. 抗蚜威主要特点是什么？能够防治哪些常见蔬菜害虫？使用时有哪些注意事项？

抗蚜威，又称辟蚜雾。抗蚜威是氨基甲酸酯类专性杀虫剂，对害虫具有触杀和熏蒸作用，对动物无致畸、致突变、致癌作用，对作物安全。具有较高的抑制害虫体内胆碱酯酶的活性，对蚜虫有特效，击倒力强，施药后蚜虫数分钟后即中毒死亡，残效期较短。

防治：甘蓝等蔬菜蚜虫，可用50%可湿性粉剂3 333～6 000倍液，25%辟蚜雾水分散粒剂1 666～3 000倍液，50%辟蚜雾水分散粒剂3 333～6 000倍液，均匀喷雾，防治效果显著。

注意事项：

①该药剂可与多种杀虫剂、杀菌剂混用。

②抗蚜威对温度敏感，当气温20℃以上时有熏蒸作用，当气温在15℃以下时，基本没有熏蒸作用；当气温在15～20℃时，熏蒸作用随温度升高而增大。因此，施药应择温暖的天气，如在低温施药，喷雾要更均匀周到，否则影响药效。

③抗蚜威对棉蚜基本无效。

④抗蚜威必须用金属容器盛装。

⑤蔬菜收获前7～10天停止使用。

⑥抗蚜威使用中，如有药液溅到皮肤上或眼中，应立即用清水洗净。中毒者应立即就医，肌肉注射1～2 mg硫酸颠茄碱。

115. 毒死蜱主要特点是什么？能够防治哪些常见蔬菜害虫？使用时有哪些注意事项？

毒死蜱，又称乐斯本、氯吡硫磷、达斯奔、安民乐、新农宝、家斯利、毒丝本等。毒死蜱是一种广谱性有机磷杀虫剂，是取代高毒农药对硫磷的产品。对害虫主要有触杀、胃毒和熏蒸作用，无内吸性能；对人畜毒性中等，对鱼类等水生生物和蜜蜂毒性较大；室温下稳定，遇碱易分解。

防治：

①防治叶菜类蔬菜菜青虫、蚜虫等害虫，在菜青虫2～3龄前用20%乳油稀释400～600倍液均匀喷雾，20%乳油稀释416～833倍液喷雾，48%乳油稀释800～1 200倍液喷雾。

②防治叶菜类蔬菜黄条跳甲、斜纹夜蛾等害虫，在小菜蛾幼虫1～2龄盛发期用21%乳油稀释900～1 200倍液均匀喷雾，20%乳油稀释333～500倍液喷雾，48%乳油稀释1 000～2 000倍液喷雾。

③防治韭菜韭蛆，以5%颗粒剂24～33.3倍液撒施，25%乳油稀释125～167倍液灌根，40%乳油稀释200～267倍液均匀喷雾，20%乳油稀释100～125倍液灌根或960～1 200 g/667 m^2 全田水浇。

注意事项：

①不能与碱性农药混用。

②烟叶上不宜使用。

③该药对黄铜有腐蚀作用，喷雾器用完后，要立即冲洗干净。

④该药对蜜蜂和鱼类高毒，使用时注意保护蜜蜂和水生动物。为保护蜜蜂，应避开作物开花期使用。

⑤叶菜类作物收获前7天禁用。

⑥如中毒，应立即送医院治疗，并可注射阿托品解毒。注意不可引吐。

⑦属中等毒性杀虫剂，在使用时应注意安全，一年只能使用1次。

☞ 116. 浏阳霉素主要特点是什么？能够防治哪些常见蔬菜害螨？使用时有哪些注意事项？

浏阳霉素是农用抗生素类杀螨剂，是从灰色链霉菌浏阳变种提炼成的一种抗生素类杀螨剂，属高效低毒农药，对天敌较安全，不杀伤捕食螨；害螨不易产生抗性，杀螨谱较广，对叶螨、瘿螨都有效。本药具触杀作用，无内吸性，药液直接喷至螨体上药效很高，但害螨在干药膜上爬行几乎无效；对成、若螨及幼螨有高效，但不能杀死螨卵。该药是一种高效、低毒、低残留的无公害农药，对人畜、作物安全，对鱼有毒。

防治：

①防治豆角红蜘蛛、茄红蜘蛛，每 667 m^2 用 10%浏阳霉素乳油 50 mL，对水均匀喷雾。

②防治海椒跗线螨，每 667 m^2 用 10%乳油 40～60 mL，加水 50 L 均匀喷雾，良好防效可保持 1～2 周。

注意事项：

①该药剂主要是触杀作用，喷药时要均匀周到，使枝叶全面着药，效果才好。

②可与多种杀虫剂、杀菌剂混用，但与波尔多液等碱性农药混用时，要现配现用。

③该药药效迟缓，残效期长。

④制剂要求在室温、干燥、避光处贮存。

☞ 117. 克螨特主要特点是什么？能够防治哪些常见蔬菜害螨？使用时有哪些注意事项？

克螨特，又称丙炔螨特。克螨特是一种高效、低毒、广谱性有机硫杀螨剂。对害螨具有触杀和胃毒作用，但无内吸性和渗透传导作用。对成螨和幼若螨效果好，杀卵效果差；对人畜低毒，对蜜蜂和天敌安全，但对食螨瓢虫和捕食螨有一定的杀伤作用；可以防治多种害螨，是综合防治的首选良药之一。

防治：

①防治豇豆、茄子红蜘蛛，应掌握在花叶率达 1%～2%或点片发生或每片叶 3 头螨时，用 73% 克螨特乳油 2 500 倍液喷雾。

②防治茶黄螨，应控制在点片发生阶段，当平均每片叶有螨卵达 2～3 粒时，卷叶率达 0.5%～1%时，用 73%克螨特乳油 1 000 倍液喷雾，间隔 7 天喷 1 次，连喷 2～3 次。

注意事项：

①克螨特在高温、高湿、高浓度条件下对某些作物的幼苗和新梢嫩叶有药害，如 25 cm 以下瓜、豆苗等用 73%乳油的稀释倍数不宜低于 3 000 倍。

②不能与波尔多液等碱性农药混用，施药后 7 天不能喷波尔多液。

③在 20℃以上的温度时使用该药可提高药效，反之药效降低。

④如不慎大量接触眼睛或皮肤时，应立即用清水冲洗 15 min。若误食应立即饮下大量牛奶、蛋白质或清水，并送医院治疗。

☞ 118. 速螨酮主要特点是什么？能够防治哪些常见蔬菜害螨？使用时有哪些注意事项？

速螨酮，又称灭螨灵、达螨净、牵牛星、达螨酮、扫螨净。速螨酮是一种高效、广谱有机磷类杀螨、杀虫剂。对害虫有触杀作用，无内吸、传导和熏蒸作用，对叶螨的卵、幼螨、若螨及成螨均有较强的杀伤；对锈螨的防治效果也较好。药效迅速，持效期长达 30～50 天，耐雨水冲刷，杀螨效果不受温度影响；毒性中等，对作物安全，对天敌毒性低，但对鱼类高毒；与其他药剂无交互抗性，是叶螨发生期理想的农药之一。

防治：

①防治大豆红蜘蛛，用 15%片剂 3 000～3 750 倍液喷雾，防治效果较好。

②防治茄子保护地朱砂叶螨等，每 667 m^2 用 10%烟剂 400～600 g 点燃放烟，防治效果较好。

注意事项：

①不能与波尔多液等碱性农药混用或接近使用。

②该药无内吸性，喷药时一定要均匀周到，正反面都要接触药剂，以提高用药效果。

③避免污染水源和在蜜蜂采蜜期使用。

④宜存放在阴凉通风处。

⑤一年只能用 1 次。

⑥误服本药，即大量饮水，使其吐出。

☞ 119. 三唑锡主要特点是什么？能够防治哪些常见蔬菜害螨？使用时有哪些注意事项？

三唑锡，又称倍乐霸、三唑环锡、倍杀螨。三唑锡属广谱有机锡类杀螨剂，对人畜、蜜蜂低毒，对鱼类高毒，对天敌及植物安全。对害螨主要是触杀作用，无内吸传导作用；对幼、若螨及成螨杀伤力强，对夏卵有毒杀作用，但对越冬卵无效；对抗性螨类有较好的效果。对阳光和雨水有较好的稳定性，残效期较长，在常用浓度下对苹果、梨等果树安全。

防治：防治茄子、豆类红蜘蛛，应在花叶率达1%～2%或每叶片3头螨时，用25%可湿性粉剂1 000倍液均匀喷雾。

注意事项：

①该药剂不能与波尔多液、石硫合剂等碱性农药混用。

②药液不得污染水面。

③使用倍乐霸时应避免沾染皮肤和眼睛。

④三唑锡对鱼毒性高，要避开在河流或鱼塘周围施药。

⑤如出现中毒，立即将患者置于空气流通处，并保持患者温暖，同时服用大量医用活性炭；如误食中毒，需送医院洗胃或用轻泻剂，人工辅助呼吸。

☞ 120. 尼索朗主要特点是什么？能够防治哪些常见蔬菜害螨？使用时有哪些注意事项？

尼索朗，又称噻螨酮。尼索朗是一种噻唑烷酮类专用杀螨剂，对植物表皮层具有较好的穿透性，主要是触杀和胃毒作用，无内吸传导作用，但有较强的渗透能力，耐雨水冲刷；对人畜低毒，对蜜蜂和天敌安全，可与多种杀虫、杀螨剂混用，亦可与波尔多液、石硫合剂等碱性农药混用，药后 7 天才有明显效果，残效期长达 50 天左右，一般在早春使用 1 次即可控制全年螨害。该药对叶螨防治效果较好，对锈螨和瘿螨防治效果较差。

防治：防治蔬菜、豆类作物上的叶螨（红蜘蛛），一般每 667 m^2 用药为 5%乳油 60～100 mL 或 5%可湿性粉剂 60～100 g 对水喷雾或用 5%乳油和 5%可湿性粉剂 1 500～2 000 倍液喷雾。因尼索朗无杀成螨作用，应比其他杀螨剂稍早些使用，即在害螨发生期使用，若已严重发生，最好与其他具杀成螨的杀螨剂或有机杀虫剂混用。

注意事项：

①该药无内吸性，喷药要均匀周到。

②夏季用药应选早晚气温低时进行，晴天上午 10 时至下午 4 时应停止施药。

③尼索朗对成螨无效，所以要掌握好施药时期，争取花前、花后使用。

④尼索朗一年只宜使用 1 次，若连续使用则很快降低药效。

⑤尼索朗和螨死净有交互抗性，不宜连续使用。

四、蔬菜无公害生产苗期病虫害防治

(一)主要病害及其防治

☞ 121. 蔬菜苗期病害主要有哪些?

蔬菜苗期病害以猝倒病、立枯病发生较普遍,严重时造成幼苗成片枯死。

☞ 122. 蔬菜苗期猝倒病可危害哪些蔬菜?其危害特点是什么?

猝倒病可危害瓜类、茄子、番茄、辣椒、白菜、芹菜等多种蔬菜。

危害特点是发病初期,幼苗茎基部呈水渍状病斑,接着病斑迅速绕茎一周,逐渐变成黄褐色,进而干枯、缢缩成线状后,幼苗倒地死亡。由于病情发展快,幼苗倒地死亡时叶片仍然青绿,故称猝倒,几天后即可导致大片幼苗倒地死亡。在高湿条件下,病残体表面和附近土表长出白色棉絮状霉层。侵染果实时,通常近地果实先发病,于脐部及伤口处开始出现水渍状病斑,随后迅速扩大,变成黄色或褐色水渍状病斑,病健交界明显,最后全果腐烂,腐烂果实表面长出白色棉絮状霉层。

123. 猝倒病发生规律如何?

引起猝倒病的病原菌可在土中长期存活,也可在病残体上越冬,有机质多的地块菌量也较多。通过流水、雨水、带菌粪肥及农事操作传播。低温(10～15℃)、高湿有利于发病,育苗和直播时遇上低温时间过长、潮湿或阴雨天气,播种过密,管理不良,常引起猝倒病大发生。该病主要发生在幼苗1～2片真叶时,3片真叶后发病较少。

124. 怎样防治蔬菜苗期猝倒病?

①选择地势高、排水好的田块作苗圃,以无病新土为苗床土。做好防寒保温和通风工作,当田间发现病株时要及时拔除,同时撒干土或草木灰,降低土壤湿度。

②常发病区播种前进行土壤消毒。每平方米用40%五氯硝基苯粉剂9 g与40%拌种双粉剂7 g混匀,加细干土4～5 kg拌匀,播种前行撒一半左右于苗床上,播种后再盖上另一半,将种子夹在药土中间。

③播前用种子重量0.4%的40%拌种双可湿性粉剂或58%瑞毒霉锰锌可湿性粉剂拌种。用种子重量0.5%的35%阿普隆拌种剂拌种,效果也很好。

④在发病初期,每667 m^2 用64%杀毒矾可湿性粉剂120～170 g、75%敌克松可溶性粉剂250～375 g对水喷雾,或每平方米苗床用72.2%普力克水剂5～7 mL,对水2～3 mL灌根,每隔7～10天1次,连续2～3次。

125. 蔬菜苗期立枯病可危害哪些蔬菜？有何危害特点？

该病可危害茄科、瓜类、豆类和十字花科蔬菜等多种作物。

幼苗受侵染后，在茎基部产生暗褐色病斑，严重时病斑可扩展到整个茎基部，引起嫩茎基部收缩。发病初期，幼苗白天萎蔫，早晚可以恢复。发病后期，幼苗地上部分茎叶枯死。潮湿时，病部可长出稀疏的淡褐色网状霉层。发病过程较慢，病苗死亡时不倒伏，故名立枯病。

126. 立枯病的发生有何规律？怎样防治？

立枯病菌在土壤中越冬，可在土中存活 3 年以上。主要通过雨水、流水和农事操作传播。遇偏低温(15～21℃)、连续阴雨、光照不足时立枯病容易发生。夏季高温多雨，幼苗徒长，抗病力弱，也容易导致立枯病流行。

主要防治方法：

①避免选择连年种植茄类、瓜类、豆类和十字花科蔬菜等作物的病田为苗圃。

②旧床土进行消毒处理，方法参见猝倒病。

③每 100 kg 种子用 50%福美双可湿性粉剂 250 g 拌种，或用 10%适乐时悬浮剂 100～200 mL 拌种。

④发现苗圃有立枯病后，及时拔除病苗，马上进行药剂防治。每 667 m^2 用 5%井冈霉素水剂 100～150 mL，或 70%甲基托布津可湿性粉剂 24.6～33.6 g，或 50%扑海因可湿性粉剂 50～100 g，或 50%多菌灵可湿性粉剂 50～100 g 对水喷雾或灌根，隔 7～10 天 1 次，连续 2～3 次。

☞ 127. 蔬菜苗期灰霉病可危害哪些蔬菜？发病后产生什么样的症状？

灰霉病可危害茄科、瓜类和十字花科等多种蔬菜。

幼苗子叶期最易感病，先在叶缘开始褪绿变黄，然后脱水干枯，变褐坏死或腐烂，湿度高时表面可以密生灰色霉层。幼茎多从茎基部开始发病，初为水渍状病斑，然后变软腐烂。湿度高时叶片腐烂，表面产生灰色霉状物。

☞ 128. 灰霉病有什么样的发生规律？如何防治蔬菜苗期灰霉病？

灰霉病菌在病残体或土壤中越冬。通过气流、流水和农事操作传播。在苗床温度为 15～27℃、弱光、相对湿度在 90％以上或幼苗表面有水膜时易发病。春季如遇连绵阴雨或寒流大风天气，放风不及时，密度过大，幼苗徒长，分苗时伤根伤叶，都会加重病情。

主要防治方法：

①合理密植，适当提高苗床温度，并注意苗床通风，降低苗床湿度。

②在大棚内育苗时，每 667 m^2 用 2.5％百菌清烟剂 500～800 g 熏烟消毒。

③发现病苗应及时拔除，同时每 667 m^2 用 50％速克灵可湿性粉剂 33～50 g，或 40％施佳乐悬浮剂 25～95 mL，或 50％扑海因可湿性粉剂 50～100 g 对水喷雾，每隔 7～8 天 1 次，连续 2～3 次。

☞ 129. 蔬菜苗期沤根病的危害特点和发病规律是什么？如何防治？

沤根病通常发生在瓜类蔬菜苗期，症状表现为根部不发新根和不定根，主根和须根上无根毛，根皮呈锈褐色并腐烂，地上部叶缘焦枯，严重时幼苗成片枯死。

沤根病为生理性病害。主要是由低温和高湿造成的。当地温低于15℃且持续时间长时，易发病。浇水过量或遇阴雨天气，苗床过湿，根部缺氧，导致幼苗不出新根，也可诱发沤根病。偏酸性的黏土易发生沤根病。

主要防治方法：

①加强苗床的增温保温，保持苗床温度在20℃以上。有条件的采用电热线育苗。

②选择透气良好的土壤作苗床，保持床面平整不积水，浇水时防止大水漫灌。在阴雨天或湿度过大时向床面撒干草木灰。加强苗床通风，保持干燥。

（二）主要虫害及其防治

☞ 130. 危害蔬菜苗期的害虫主要有哪些？各有何危害特点？

危害蔬菜苗期的害虫主要有地老虎、蛴螬、蝼蛄、根蛆等。

地老虎主要危害茄科、葫芦科、豆科和十字花科蔬菜幼苗，同时也取食多种杂草。地老虎幼虫将幼苗从根茎地表基部咬断，或者咬食幼苗子叶、嫩叶，常造成缺苗断垄或连片死亡。幼虫还可钻入茄科、葫芦科果实或甘蓝叶球内，将果实或叶球咬成空洞，同时在内排泄粪便，引起腐烂。

蛴螬是金龟子幼虫的通称，俗名白土蚕、白地蚕，可危害茄果类、瓜类、豆类、叶菜类等。取食时咬断幼苗地下根、茎，致使全株死亡，严重时造成缺苗断垄。或啃食块根、块茎，使作物生长衰弱，影响产量和品质。被害部位切口整齐是其危害特点。成虫又名铜克郎、瞎碰子，可取食多种植物的叶片、花瓣及嫩芽。

蝼蛄又称拉拉蛄、土狗子等，为杂食性害虫，成虫与若虫均能危害。在土中除咬食刚播下的种子(特别是刚发芽的种子)外，也咬食幼根和嫩茎。在土壤内钻行时，能把幼苗根切断，其隧道常使种子架空或造成吊根，使种子不能发芽或失水枯死，造成缺苗断垄。根茎受害部呈乱麻状是其识别特征。

根蛆可危害多种蔬菜。危害种子，取食胚乳或子叶，引起幼芽腐烂，不能出苗；危害幼苗，则从根茎基部向上蛀食，导致植株枯萎死亡；虫蛀食成株，则植株生长不良，引起根茎基部腐烂或死亡。

131. 地老虎有何发生规律？如何防治？

地老虎主要有 3 种：小地老虎、黄地老虎和大地老虎。黄地老虎主要在黄河以北地区发生；大地老虎主要在长江中下游地区发生；小地老虎全国大部分地区都有发生，在三者中危害最重。

小地老虎为迁飞性害虫，在南方一年发生 4～7 代，可终年繁殖危害；在淮河以北地区每年发生 2～4 代，不能越冬，第一代成虫由南方迁飞而来，以一代幼虫 4～6 月份危害较重。成虫有较强趋光性和趋化性，多在夜晚活动，白天在杂草或土块中潜伏。幼虫3龄前多在寄主心叶内活动，昼夜取食植株嫩叶。4～6龄幼虫白天潜伏在土壤中，夜晚出来活动，5～6龄期为暴食期。幼虫有假死性，喜欢温暖潮湿的条件，地势低洼、排水不良、杂草丛生或蜜源植物多的菜田发生严重。

主要防治方法：

①除草灭虫。早春及时铲除田边和田间杂草，并运出田间处理，消灭部分虫卵。

②诱杀成虫。春季用糖6份、醋3份、酒1份、水10份、加90％敌百虫晶体1份调制成糖醋液，放入盆内，用竹竿支架置于田间1.5 m的高度，每667 m^2放2～3盆。也可用糖酒醋液加硫酸烟碱或用苦楝发酵液诱杀三种地老虎成虫。还可用黑光灯诱杀小地老虎和大地老虎成虫。

③捕捉幼虫。对高龄幼虫，可于每天早晨到田间扒开新被害植株周围表土，捕杀幼虫。或利用幼虫喜欢在泡桐叶下潜伏的习性，于傍晚在地面每平方米左右放置泡桐叶，清晨翻叶捕杀幼虫，坚持10～15天。

④药剂防治。在2～3龄幼虫盛期，每667 m^2用5％抑太保乳油30～50 mL、48％乐斯本乳油40～50 mL等，对水进行土壤喷雾或灌根。

132. 蛴螬有何发生规律？如何防治？

危害庄稼的蛴螬种类较多，而且在同一地区往往多种混合发生，一般每1～3年发生1代，以成虫和幼虫在土中越冬。成虫具假死性和趋光性，并对未腐熟的厩肥有强烈趋性。白天潜伏，晚上8～10时为活动盛期，取食、交配和产卵。土温 14～22℃为蛴螬的适宜活动温度，土壤温度低于 12℃或高于 25℃时，向深层土壤移动，危害减轻，因此通常有春秋两季 2 个危害高峰期。

主要防治方法：

①施用腐熟的有机肥，避免吸引成虫产卵。及时耕翻土地，将下层的蛴螬翻到地表消灭；在生长期中耕除草，并适期灌水以杀灭幼龄蛴螬。

②在成虫发生期，用黑光灯诱杀。

③每 667 m^2 用 80%敌百虫可溶性粉剂 100～150 g 与 30 kg 细土混合，播种前撒施于播种沟（穴）内。也可用 2.5%辛硫磷颗粒剂每 667m^2 用 2.5～3 kg 沟施处理土壤。

④发生严重的地块，每 667m^2 用 48%乐斯本乳油 65 mL 或 50%辛硫磷乳油 50 mL，对水顺垄灌根，随后浅锄。或每株浇灌 150～250 mL 药液，可杀死根际幼虫。

133. 蝼蛄有何发生规律？如何防治？

蝼蛄主要有两种：华北蝼蛄和东方蝼蛄，以东方蝼蛄发生普遍，危害严重。蝼蛄每 1～2 年发生 1 代，以成虫或若虫在地下越冬，春秋两季危害严重。性喜潮湿环境，以河边、潮湿的菜田及疏松潮湿的沙壤土菜田受害较重。昼伏夜出，晚 9 时至凌晨 3 时为活动取食高峰，常在表土层或地面上活动，雨后活动更甚。具趋光性和喜湿性，对香甜物质如炒香的豆饼、麦麸以及马粪等农家肥有强烈趋性。一般 10～20 cm 表土较湿时活动最盛。

主要防治方法：

①毒饵诱杀。用麦麸、豆饼、棉仁饼、米糠 5 kg 煮至三成熟晾至半干，加 48%乐斯本乳油或 50%辛硫磷乳油

50～100 mL 或加 90%敌百虫 50g，对水 30 倍配成毒饵，每 667 m^2 用 1.5～2.5 kg 于傍晚撒于地表，或出苗后将毒饵撒在蝼蛄活动的隧道处，可兼治蛴螬、金针虫、蟋蟀等。毒饵也可用 40%乐斯本乳油 500 mL 对水 10 倍加饵料 50 kg 拌制，或 4%敌马粉剂和饵料按 1∶5 拌制。

②土壤处理。在蝼蛄危害严重的苗床或菜田，每 667m^2 用 5%辛硫磷颗粒剂 1～1.5 kg 或 10%二嗪农颗粒剂 2～3 kg，与 15～30 kg 细土混匀后撒于床土上、播种沟或移栽穴内，待播种和菜苗移栽后覆土。苗床也可用 80%的敌敌畏乳油 30 倍液灌隧道洞，或 50%辛硫磷乳油 800～1 000 倍液灌根。

③灯光诱杀。在夏秋季无风闷热的傍晚，利用各种诱虫灯诱集成虫，结合人工捕捉。此外，也可在早春或夏季人工挖窝灭虫或卵。

134. 根蛆有何发生规律？如何防治？

根蛆一般指的是种蝇和葱蝇的幼虫。种蝇幼虫为多食性害虫，主要危害瓜类、茄果类、豆类、菠菜、葱蒜类及十字花科蔬菜。葱蝇幼虫主要危害大蒜、洋葱、葱，有时也危害韭菜。种蝇每年发生 3～4 代，以蛹在土中越冬。成虫白天活动，每天上午 10 时至下午 2 时活动最频繁。卵多产在土中或近地面作物子叶上。幼虫孵出后即蠕动于寄主根部或种子附近危害，5 月中旬幼虫老熟潜入土中化蛹。葱蝇每年发生 3 代，成虫中午最活跃，集中在葱、蒜、韭菜地产卵，卵多产在植株根周围潮湿的土表或土缝里。5 月上中旬是一代幼虫危害盛期，保护地可提前在 4 月中、下旬被害。种蝇和葱蝇均为腐食性昆虫，田间施用未腐熟的肥料能吸引成虫产卵，或将粪肥中的蝇卵或幼虫带入田间，使作物受害。葱、蒜、韭及发酵的饼肥对葱蝇有很强的吸引作用。

主要防治方法：

①农业防治。苗床施用腐熟的粪肥和饼肥，做到均匀、深施。加强保温升温措施，快速育苗，瓜类、茄果类、豆类应浸种催芽。栽蒜应选健壮母种，并要剥去蒜皮，使出苗早、齐、匀、壮，减轻蛆害。

②药剂防治。拌种和撒施：每千克种子用40%二嗪农粉剂3～5 g拌种。播种前每667 m^2 用2%二嗪农颗粒剂125 kg或5%辛硫磷颗粒剂1～1.5 kg，与细土20～30 kg混匀后同底肥混合。防治成虫：成虫发生期每667 m^2 用80%敌百虫可溶性粉剂150 g，或80%敌敌畏乳油50～60 mL，或45%马拉硫磷乳油85～120 mg对水喷雾。防治幼虫：苗床发现蛆害株，可选用防治成虫的药剂灌根。灌根前可先灌水，等水下渗后再灌药液。也可用80%敌敌畏乳油1 000倍液灌根，利用它的熏蒸作用杀蛆。

135. 韭菜上的“根蛆”有何发生规律？如何防治？

我国北方地区韭菜上发生的“根蛆”除了葱蝇幼虫外，还有一种害虫叫韭菜迟眼蕈蚊，俗称韭蛆。韭蛆在华北地区韭菜上的危害常常比葱蝇还要严重，其危害特点和防治方法见本书“葱蒜类蔬菜无公害生产病虫害防治”部分。

五、十字花科蔬菜无公害生产病虫害防治

(一)主要病害及其防治

☞ 136. 危害十字花科蔬菜的病害主要有哪些?

十字花科蔬菜种类繁多,其中主要包括大白菜、青菜、油菜、甘蓝、花椰菜、芥菜、芜菁、萝卜等;危害十字花科蔬菜的病虫害种类也很多,同时具有很大的共性。病毒病、软腐病及霜霉病合称十字花科的三大病害,不论在我国北方和南方均普遍危害。细菌性黑腐病以北部地区发病较多;而根肿病仅在局部地区发生危害。菌核病主要危害油菜及采种植株,至于叶斑病类(包括黑斑病、白斑病及炭疽病等)则各地均有发生。

☞ 137. 十字花科蔬菜软腐病的危害情况如何?

十字花科软腐病是一种世界各地普遍发生的病害,我国凡栽培大白菜的地区都有发生,为大白菜包心后的重要病害之一,与病毒病和霜霉病合称为白菜的三大病害。在20世纪50年代初期,软腐病在黄河以北地区常造成大白菜减产50%以上,个别地区甚至全部毁收。50年代后期采取措施后,已逐渐控制,但在有利条件下或措施不当时,仍能造成相当大的损失。其他如甘蓝、芜菁和

萝卜等蔬菜损失也可达10%左右。在贮藏窖内大白菜的软腐病损失亦非常严重，有时甚至全窖腐烂。此外，在运输过程中也会大量发生腐烂。此病除危害十字花科作物外，还可危害马铃薯、番茄、莴苣、黄瓜等蔬菜，造成各种不同程度的损失。

☞ 138. 十字花科蔬菜软腐病在田间危害有何症状特点？

十字花科软腐病的症状因不同寄主作物、不同器官、不同环境条件而稍有不同，其共同特点是：发生部位从伤口处开始，初期呈浸润性半透明状，以后病部扩大而发展成明显的水渍状，表皮下陷，上面有污白色细菌脓状物。病部内部组织除维管束外，全部腐烂呈黏滑软腐状，并发出恶臭。

大白菜和甘蓝在田间多在包心以后开始发病。起初植株外围叶片在烈日下表现萎垂，但早晚仍能恢复，随着病情的发展，这些外叶不再恢复，因此露出叶球。发病严重的植株结球小，叶柄基部和根茎处心髓组织完全腐烂，充满灰黄色黏稠物，臭气四溢，用脚一踢，菜头即落下。菜株的腐烂，有些从根髓或叶柄基部向上发展蔓延；也有从外叶边缘或心叶顶端开始向下发展，或从叶片虫伤处向四周蔓延，最后造成整个菜头的腐烂。腐烂的病叶，在晴暖干燥的环境下，可以失水干枯变成薄纸状。

萝卜受侵的部位都从根尖受虫伤或切伤处开始，初呈水渍状，以后病部向上发展成软腐。病健部界线分明，并常有汁液渗出。留种株有时出现老根外观完好，内部心髓完全腐烂仅存空壳的情况。

☞ 139. 十字花科蔬菜软腐病的发病规律如何?

十字花科蔬菜软腐病田间的初侵染源主要是带有病株残体的土壤和堆肥、带菌越冬的介体昆虫(如黄条跳甲、甘蓝蝇、花菜蟥象等)、带病的采种株以及菜窖内外和棚附近残留的病株残体。土壤中残留的软腐细菌可以从白菜、萝卜等十字花科蔬菜根部侵入,在整个生育期潜伏在植株体内,成为生长后期和贮藏期腐烂病的主要菌源。此病主要靠昆虫、风雨、灌溉水和肥料等传播,使病害在田间进一步扩展蔓延。一般苗期发病较少,而生长后期特别是莲座期发病较多。在久旱后突然下大雨的情况下,白菜叶柄会发生自然裂口,增加了病菌的侵染机会,发病则重。虫害发生严重时软腐病的发生也严重,在多雨和气温偏低时,害虫向白菜内部钻藏,所以白菜心部往往成为发病的起点。大量施用未腐熟的有机肥料作基肥的菜地发病较多。疏心型比包心型白菜在田间发病少;高畦种植的蔬菜,前作或间作作物为大、小麦,豆类或葱、蒜、韭菜类蔬菜的发病较少;播种前或移植前土地经过翻耕和晒土几次的发病较少。

☞ 140. 十字花科蔬菜软腐病的主要防治措施有哪些?

(1)防虫治病

在生长期以防虫治病为中心,从幼苗期开始,经常检查,发现有黄条跳甲、菜青虫、甘蓝蝇等害虫危害时,应即喷药防治。视虫害发生情况,每隔 7～10 天喷 1 次,可收到良好效果。但一定要选择使用高效低毒的农药。

(2)选用抗病品种

在全国各地都有丰产的抗病良种。如北京可以用“青帮”品种，直筒型的一般比较抗病。

(3)选择土地肥沃、地势较高的田块种植

如是老菜园，不管移栽和直播，都应在种植前半个月至1个月翻地曝晒。在土壤碱性不太重的北方白菜区，必须采取高垄栽菜，垄背应高0.3 m左右。

(4)适时播种

在北方，大白菜一般以立秋前后3天播种为宜，立秋前播种的一般发病较多，立秋后播种的发病较少而轻。在常发病的重病区应考虑适当推迟播种，以减轻发病，但如播种过迟则会包心不实，影响产量。

(5)加强栽培管理

在高畦区可实行井灌，而在平畦区以喷灌为好。施用腐熟基肥。中耕不宜过深。发现病株及时连根拔除并移出田外深埋，病穴应用石灰消毒，填土压实，以减少传染。追肥要均匀使用，避免伤根、烧叶。追肥不要用未腐熟的人粪尿，尤其是不应迎头浇泼。注意水分供应，包心后期不能缺水，以防根茎产生裂口，但又不能大水漫灌，并在浇水前拔除病株。雨后及时排水。

(6)预防贮藏期感染

在北方，大白菜入窖前必须先去除病叶，并在进窖前曝晒1天，使外叶萎蔫，减少细菌入侵的可能。贮藏窖应事先用1∶40倍液福尔马林等药剂进行消毒。大窖最好有通风窗，以调节窖内温、湿度，并在入窖后1～2个月内每隔10～15天翻菜1次，剔除病菜。

☞ 141. 十字花科蔬菜黑腐病的危害和症状特点是什么？

十字花科蔬菜黑腐病是种子传带的病害，在国内外分布普遍，尤其是在气温凉爽（平均为15.5～21℃）、雨量充沛或露水多的温带和亚热带地区受害十分严重。此病从苗期开始就可以发生，主要危害甘蓝、花椰菜、油菜、芥菜、大白菜、芜菁等，对萝卜造成损失不大。

黑腐病菌首先侵染叶片，从叶缘开始发病，病部向两侧和向内扩展，形成"V"字形病斑。病部的叶脉变黑，这是黑腐病症状的特点。空气干燥时，病部干而脆，空气潮湿时病部腐烂。部分叶片的叶脉变黑，叶肉组织变黄，最后全叶变黄枯死，病叶易脱落。

☞ 142. 十字花科蔬菜黑腐病的发病规律是什么？

十字花科蔬菜黑腐病的初侵染源主要是病残株和带菌种子，其次为某些野生的十字花科杂草。幼苗出土后，病菌从子叶边缘侵入，也可以侵染有伤口的甚至没有伤口的根部。菜苗子叶发病后枯萎脱落，病菌逐渐扩展到茎部。在不适宜于病害发生的环境条件下，症状可能几个星期也不显现。在环境条件适宜时，移植几个星期后幼苗的顶部叶片可能会突然出现病斑。对于成长的植株，病菌从叶片的水孔或昆虫咬伤的伤口侵入。果荚内部组织也可受到病菌侵染，从而使病菌粘附在种子的种皮上。在少数情况下，病菌也可能侵入到种子的种皮内。

病原细菌近距离传播媒介主要是雨水，其次是耕作工具和带病菜苗，另外昆虫也可带菌在植株间传播；远距离传播媒介主要是带菌种子，其次是病苗。

十字花科蔬菜育苗期间的雨量和露水直接影响菜苗的感染数量，在育苗期间天气干旱无雨、少露，苗期和移植后就不至发病或发病较轻。十字花科蔬菜多数都易感病，其中最易感病的为甘蓝、油菜及花椰菜，其次为大白菜、小白菜和芜菁等。

143. 如何防治十字花科蔬菜黑腐病?

由于十字花科蔬菜黑腐病主要是由种子和土壤或土杂肥里的病残组织传带的，而苗期的雨水和虫害是在苗期以至移栽后发病的重要原因，所以在防治上应采取以种植无病种子、实行轮作和施用净肥为重点的综合防治措施。

(1)在无病地区留种或进行种子消毒

种子最好从无病地选取，否则必须进行温汤消毒(50℃，25～30 min)，或用 0.3%退菌特、福美砷，0.3%～0.5%瑞毒霉、多菌灵、拌种双等湿拌种子，晾干后再用。

(2)实行轮作和施用净肥

苗床和移植地应与水稻轮作，或实行 2～3 年轮作制。土杂肥应充分高温堆沤腐熟后才能使用。

(3)注意苗期防雨

有条件时可进行温室育苗或大棚育苗。

(4)及时喷药防治

在病害初发生时进行喷药防治，每 667 m^2 可用 72%农用硫酸链霉素可溶性粉剂 18～20 g，或 1%新植霉素可溶性粉剂 20 g，或 58%瑞毒霉锰锌可湿性粉剂 50～100 g，对水喷雾，隔 6～7 天 1 次，连续 2～3 次。

☞ 144. 十字花科蔬菜霜霉病的危害和症状特点是什么?

十字花科作物霜霉病在油菜上俗名龙头拐，在大白菜上俗称支干。这是潮湿地区十字花科蔬菜上重要病害之一，可侵染各种十字花科蔬菜，包括大白菜、小白菜、油菜、菜薹、芥菜、芥蓝、榨菜、萝卜和甘蓝等，其中以大白菜、油菜和芥蓝受害最为严重。在华北、东北和西北地区，大白菜霜霉病和白菜软腐病及病毒病一起被列为十字花科蔬菜的三大病害。愈是秋季气候冷凉、日夜温差较大的地区，此病危害愈重。十字花科作物整个生育期中，只要条件适宜随时都可以发生霜霉病。一般以晚秋和早春栽植的蔬菜发病较多。

霜霉病主要危害叶片，其次危害茎、花梗和种荚等。叶片被害时，初期在叶正面产生淡绿色的病斑，病斑逐渐扩大，色泽由淡绿转为黄色至黄褐色，呈多角形或不规则形，在叶片背面的病斑上则出现白霉。病斑后期变褐，在空气潮湿时病情急剧发展，病斑数目迅速增加，叶背面布满白霉，最后叶片变黄而干枯。茎薹和花序被害时，初生水渍状病斑，以后变成不定形的黑褐色斑。茎部因受病菌的刺激而生长过旺，常出现扭曲畸形及膨肿。花梗被害后，有的稍弯曲，有的畸形肿胀，天气潮湿时病部也呈现白色霉层。花器被害肥大畸形，花瓣变成绿色，经久不凋。被害种荚细小弯曲，结实小或不结实。

包心大白菜的幼苗发病后，叶片背面出现白色霜霉层，而叶片正面的症状则不甚明显。严重受害时，子茎和叶片变黄枯死。成株被害时叶片由外向内层层干枯，严重时仅剩下小小的心叶球。

甘蓝和花椰菜发病后,被害叶片正面出现微凹陷的黑色至紫黑色、点状或不规则的病斑,叶背病斑呈现白色霉层。花椰菜的花球被害后,初期顶端变黑,逐渐蔓延及全花球而失去食用价值。

芜菁和萝卜的肉质根部发病后,分别表现褐色至黑褐色不整形病斑和黑色稍凹陷的病斑。薹茎上的病斑亦相同。

☞ 145. 十字花科蔬菜霜霉病的发病规律及流行条件是怎样的?

在北方,霜霉病菌随病残体在土壤或在萝卜和芜菁的块根里越夏、越冬,春季侵染小白菜、油菜、萝卜等,秋季可侵染秋菜。在南方,病菌还能在田间十字花科蔬菜体内越冬。病菌可借风雨或农具传播到寄主上,引起寄主组织的病变。发病部位产生的病原菌由风雨或气流传播,进行再侵染。在一个生长季节中再侵染可多次发生,使病害在田间得以扩展蔓延。采种株上受侵染的种荚、花梗上形成大量的病菌,可随病残组织混在种子中或在脱粒时附着在种子上,播种时被带入田间而侵染幼苗。

十字花科蔬菜霜霉病的发生流行同气候条件,特别是温湿度关系密切。一般来说,在气温稍低(<18℃)、昼暖夜凉、日夜温差较大和多雨高湿或雾大露重的条件下,最有利于此病的发生流行。田间小气候的温湿度条件对病害的发生流行影响也很大,只要田间处于高湿情况,夜间经常结露,虽然无雨,病情也会发展。土地连作,随病残株遗落土中的病菌数量多,初侵染源就大,从而发病多而重。轮作,

特别是水旱轮作，发病较轻。播种过密，间苗过迟，蹲苗过长均有利发病。地势低洼容易积水的田块、整地不平、通风不良的窝风地发病常较重。追肥不及时，特别是在大白菜包心期脱肥的发病较重。不同品种间抗性差异显著，大白菜疏心直筒的品种，因外叶较直立，垄间不易荫蔽，通风良好，故发病较轻；圆球中心型的品种，因外叶向外张开，株间湿度大，发病较严重。柔嫩多汁的白帮品种发病较重，青帮品种发病较轻。一般来讲，抗病毒病的品种同时也抗霜霉病。

☞ 146. 哪些措施可以防治十字花科蔬菜霜霉病?

防治十字花科蔬菜霜霉病的策略应以栽培管理和消灭菌源为主，同时也要适当使用化学保护。抗病、耐病品种虽然数量较少，同时耐性往往同品质有矛盾，因此只能在可能的情况下尽量采用，目前还不能放在首要地位。

(1)改进栽培管理技术

①合理轮作。由于病菌随着病残体在土壤中越冬，为减少菌源，应与非十字花科作物隔年轮作，有条件的地方最好实行水旱轮作，以减轻发病。

②精选种子，药剂消毒。应选无病株留种或设留种田，播种前用10%盐水选种，清除瘪粒病籽，水洗晾干后播种。或用25%瑞毒霉可湿性粉剂、75%百菌清可湿性粉剂、50%福美双可湿性粉剂拌种，用药量为种子重量的0.4%。

③适期播种，合理密植。一般早播病重，因地制宜适期播种对防治此病效果很好。播种适期应根据品种特性，参考当地气象预报和灌溉条件来确定。在气温高的年份，灌溉条件较好的地方，早熟品种可晚播一些，而晚熟品种可以

早播一些。注意合理密植,防止播种过密。及时间苗,剔除病弱苗,摘除老黄病叶,以增加田间通透性。

④搞好水肥管理工作。低洼地宜深沟高畦短垄种植,雨后注意清沟排渍,以降低田间湿度。在深翻和施足腐熟底肥的同时,注意增施磷、钾肥,合理分期施肥。氮、磷、钾配合使用,勿偏施过量氮肥。

(2)结合病情预报,及时进行药剂防治

根据当地有关部门发布的病情预报和天气预报,加强田间病情检查,及早发现中心病株,抓住初发病期及时喷药,以控制病害蔓延。对于一般食用的十字花科蔬菜,可结合防治其他病虫害进行喷药保护。对于留种田,应在抽蔓和开花期进行喷药保护。如油菜进入初花期,病叶率达10%以上就应开始施药。一般7～10天施1次,在阴天和多雾、重露天气,应5～7天喷1次。喷后遇雨还需补喷。

可选用的药剂很多,考虑实际效果及无公害防治,可选用58%瑞毒霉可湿性粉剂167 g/667 m^2,75%百菌清可湿性粉剂150 g/667 m^2,64%杀毒矾可湿性粉剂120～170 g/667 m^2,70%安泰生可湿性粉剂150～215 g/667 m^2,69%安克锰锌可湿性粉剂100～133 g/667 m^2,72.2%普力克水剂60～100 mL/667 m^2,对水喷雾。

(3)利用抗病品种

北方白菜霜霉病发生较多的地方,可选用北京大青口、包头青、天津青麻叶、东北开原白菜、跃进1号、大花心、牡丹江1号等抗花叶病和霜霉病的品种。长江流域油菜霜霉病发生严重的地区,可选用白油1号和青油1号等抗性较强的品种。

147. 十字花科蔬菜菌核病的危害和症状特点是什么?

十字花科菌核病在我国分布很广,特别是在长江流域及西南地区危害严重,是冬油菜以及大白菜、萝卜、甘蓝等采种母株的主要病害。病株一般减产10%~70%,含油量降低1%~5%,已成为油菜高产的主要限制因素。此病在十字花科蔬菜整个生育期都可发生,一般苗期发生较少,油菜及采种用的大白菜、萝卜、甘蓝等以终花期发生最盛,茎杆受害最重。有时在大白菜窖中也可能发生。

苗期发病先在茎基与叶柄部近地面处形成红褐色斑点。斑点扩大后转为白色,病组织呈湿腐状,其上长有白色棉絮状病菌。当病斑绕茎一周后幼苗即死亡。有时在病部还形成许多黑色菌核。受害轻的幼苗生长发育不良,植株矮小纤细。

成株的植株下部衰老叶片受侵后,初生暗青色水渍状斑块,扩大而成为圆形或不规则形大斑,有时具有轮纹。病斑中部灰白色至暗青色,外缘发黄。天气干燥时病斑干枯并穿孔,潮湿时病部长出白色棉絮状物,病斑蔓延迅速,以至整个叶片很快腐烂脱落。

茎上的病斑多发生在主茎的中下部,初呈水渍状,浅褐色,椭圆形,扩大后呈菱形或长条形或绕茎的大斑。病斑略凹陷,中部白色,边缘褐色。在潮湿条件下,病部多呈湿腐状(但无臭气),长出棉絮状病菌。环境条件适宜时,病部扩展迅速,几个病斑往往合成大斑,长可达30多cm(一般为6~15 cm)。在发病后期病株纵裂,茎易折断。剖视病茎,可见许多黑色的鼠粪状菌核,以茎基部的菌核最多。受害重的全株枯死，受害轻的则提早成熟，角果瘦小，种子不饱满，秕粒增多。

角果受害后，病斑初呈水渍状，浅褐色，不规则形，后成为白色。空气干燥时，病部稍凹陷，往往提前裂果。潮湿时则呈湿腐，其上长满白色棉絮状物，有时也可能长出菌核，角果内也长出很多黑色、像油菜籽的菌核。受侵染的油菜种子，贮藏中如湿度大还可以继续扩展蔓延。

☞ 148. 十字花科蔬菜菌核病的发病规律是怎样的？

病菌以菌核在土壤、病残体中或混杂在种子间越冬、越夏，成为侵染源。次年春季，气温回升雨量增多时，土壤中的菌核大量萌发侵入寄主，病部软化腐烂，并引致落花、落叶。脱落的花瓣或叶片黏附在健全的茎叶上，也能引致健茎叶发病。病秆与健秆的接触也可引起传染，混在种子中的菌核亦可进行远距离传播。

多雨潮湿、温度过低、地势低洼、排水不良、种植密度过高、偏施氮肥等都容易造成菌核病的流行，连作发病重，轮作发病较轻。不同品种或同一品种不同生育期的抗病性是有差异的。油菜一般白菜型发病重，甘蓝型次之，芥菜型发病最轻。此外，分枝部位高、分枝紧凑、茎杆紫色、坚硬、蜡粉多的品种发病轻。从整个生育期来看，以开花期最感病。

☞ 149. 生产中采取什么措施防治十字花科蔬菜菌核病？

根据十字花科作物菌核病的发生发展规律，对防治此病应采取以轮作等农业防治措施为重点的综合防治措施。

(1)农业防治

①轮作。与禾本科作物进行大面积轮作，轮作的年限应在两年以上，条件允许时应尽量远离去年的发病田块。

②种子处理。播种前筛去混杂在种子中的粗大菌核，然后用1.03～1.10波美度的盐水(5 kg水加食盐0.5～0.75 kg)或硫铵水(5 kg水加硫酸铵0.5～1 kg)选种，除去上浮的秕粒和菌核，将下沉的种子用清水冲洗干净后播种。用硫铵水选种的则不必用水冲洗。

③做好排灌工作。病区地势低洼、排水不良的地块，要特别注意整窄畦，开深沟，预防积水。油菜畦宽一般采用1.6～2.3 m，大白菜等畦宽一般采用1 m，畦沟深15 cm，中沟和围沟相通无阻，做到明水能排，暗水能滤的要求。如果天气干旱需要灌溉，则应采取沟灌，防止漫灌。

④施肥。应重施基肥，增施磷、钾肥，避免过量施用氮肥，这样就能够促使植株健壮，抗病性强。

⑤做好田间卫生工作。及时摘除病、黄、老叶，剔除病株，收获后应将病残体集中烧毁或进行高温堆肥，减少来年的初侵染源。

(2)药剂防治

在农业防治的基础上进行药剂防治仍是目前控制此病流行的一个必要措施。在发病初期每667 m^2用70%甲基托布津可湿性粉剂24.6～33.6 g，或50%扑海因可湿性粉剂50～100 g，或50%速克灵可湿性粉剂33～50 g，或50%多菌灵可湿性粉剂50～100 g，对水喷雾，隔7～10天喷1次，一般连续喷3次。

150. 十字花科蔬菜根肿病的发生与危害特点是什么？

十字花科蔬菜根肿病在世界分布很广，我国过去认为此病的发生，仅限于少数地区，但随着病害普查工作的广泛深入开展，已知根肿病不仅在浙江和广东有所发生，而且山东、江苏、安徽、江西、湖北、湖南、福建、广西、云南、四川、辽宁、西藏和黑龙江等省（区）均有不同程度的发生危害。一般发生在白菜、甘蓝和芜菁类蔬菜上。

十字花科根肿病主要发生在植株的根部，被害根肿大成瘤状是其特征。发病初期，植株地上部的症状不明显。当病害已发展到相当程度即根部已逐渐膨大时，病株地上部表现出叶片淡绿、无光泽，叶边变黄，生长缓慢，植株矮小以及萎蔫等症状。在甘蓝、白菜、油菜、芥菜等蔬菜上，肿瘤多发生在主根及侧根上，主根的肿瘤体积大而数量少，侧根的肿瘤体积小而数量多，一般多呈纺锤形、手指形或不规则形。在萝卜、芜菁等根菜类上，肿瘤多发生在侧很上，主根一般不变形，或仅在根端生瘤。初期表面光滑，后期球形肿瘤的表面粗糙，常易受其他杂菌入侵而造成腐烂。

151. 十字花科蔬菜根肿病的发病规律如何？

病菌混入土壤和堆肥中越夏或越冬，成为田间病害的初侵染源。病菌主要借带病的菜苗、菜株或带菌的泥土转运而做较远距离的传播。田间近距离传播媒介则为雨水、灌溉水、昆虫、线虫、农具和人畜等。病菌从土壤中侵入十字花科蔬菜根部，导致植株生育迟缓、叶片萎蔫等症状。从根毛侵入到表现根肿症状，一般历时 9～10 天。植株受侵染越早，受害越重；而晚期侵染，因植株根系已发育完全，一般不会引起重大变形，因此有时根肿不典型，受害也轻。当病根腐烂后，病根内大量的病菌又随病残物落在土壤或堆肥中，进行再侵染。

一般连作土壤中含菌量较大，十字花科根肿病发病重；轮作地土壤中含菌量较少，发病较轻。在地势低洼排水不良的地块及酸性土壤中发生较重，雨水较多，湿度过大都可加重病害的发生。施用过多的氮肥或过多过少的磷、钾肥都有加速发病的趋势。

152. 如何防治十字花科根肿病?

防治此病的策略是在无病区实施检疫制度，在病区实行以培育无病苗、进行轮作和施用石灰等为主的综防措施。

(1)轮作

病田实行水旱轮作或与其他非寄主作物轮作 4～5 年(最好为 7 年)，可有效地减轻病害发生。

(2)增施石灰

在雨水较多或灌溉方便的地方，适当增施石灰以调节土壤酸碱度，可减轻发病。在旱地缺水的地方施用石灰效果不稳定。石灰用量应视土壤酸碱度而定，一般每 667 m^2 施 75～100 kg。施用方法可在定植前 7～10 天将石灰均匀撒施土面，然后整地作畦，也可在定植时穴施。

(3)选用无病苗和苗床消毒

选新开垦的地或无病地育苗，在移栽定植时注意淘汰病苗。被病菌污染的苗床，有条件时实行苗床土壤消毒。

方法是：湿土用 1∶50 倍福尔马林液每 0.1 m^2 淋药液 2 kg，干土则用 1∶100 倍福尔马林液每 0.1 m^2 淋药液 4 kg，施药后随即用尼龙薄膜或草帘覆盖密封，经两昼夜后除去覆盖物，待土中药味消失后进行播种育苗。

(4)加强管理

选晴天定植，可大大减轻病害发生。如果定植时下雨或定植后不久下雨，则要淋施 2%石灰水，也可减轻发病。低洼地应起高畦，认真开沟排水。施用充分腐熟的堆肥，注意氮、磷、钾配合使用，勿偏施、过施氮肥。应注意田间卫生，随时（特别是收获期）收集和毁灭病株（深埋土中 60 cm 以下），并用石灰消毒病穴，彻底清除病残根，铲除田边十字花科杂草。

(5)药剂防治

五氯硝基苯、克菌丹、苯胼咪唑 44、甲基托布津和苯来特等用作沟施、穴施或药液蘸根，或药液泥浆混合沾根等，都有一定的防治效果。例如，用 75%五氯硝基苯可湿粉剂于定植前畦面均匀条施（1.5～3 kg/667 m^2），或植前淋施 700～1 000 倍液（250～500 g 药液/穴），或在田间出现少量病株时用药液灌根，防治效果良好。

153. 十字花科蔬菜黑斑病是由什么引起的？危害状是什么样的？

十字花科蔬菜黑斑病是由真菌引起的。

结球白菜、普通白菜等白菜类及乌塌菜黑斑病，主要危害子叶、真叶的叶片及叶柄，有时也危害花梗和种荚。叶片染病初期，产生近圆形褪绿斑，后渐扩大，边缘淡绿色至暗褐色，几天后病斑直径扩大至 5～10 mm，且有明显的同心轮纹，有的病斑周围发黄，在高温高湿条件下病部穿孔。发病严重的，病斑汇合成大的斑块，叶片局部或整叶枯死，全株叶片由外向内干枯。茎或叶柄上病斑长梭形，呈暗褐色条状凹陷。采种株的茎或花梗受害，病斑椭圆形，暗褐色。种荚上病斑近圆形，中心灰色，边缘褐色，周围淡褐色，有或无轮纹，湿度大时生暗褐色霉层。

黑斑病多发生在夏季，山东、河北、天津、北京、宁夏，10月间发病多。白菜黑斑病近年危害呈上升趋势，成为白菜生产上的重要病害。

154. 十字花科蔬菜黑斑病的传播途径和发病条件是怎样的？

在北方病菌主要在病残体或种子及冬贮菜上越冬，翌年侵入寄主，潜育期 3～5 天。在春、夏季，黑斑病菌侵害油菜、菜心、小白菜、甘蓝等十字花科蔬菜，并进行再侵染，使病害不断扩展蔓延。秋季传播到大白菜上危害。在我国南方的一些地区周年均可发生，辗转危害。

本病发生轻重及早晚与连阴雨持续的时间长短及品种抗性有关，多雨高湿及温度偏低发病早而重。发病温度范围 11～24℃，适宜温度 11.8～19.2℃，适宜相对湿度 72％～85％。

155. 十字花科蔬菜黑斑病的防治方法有哪些？

①尽可能选用适合当地的抗黑斑病品种。目前北京新1号、2号、3号，郑白4号，郑杂2号，北京88号，津青9号，晋菜3号，太原2号，青庆等较抗黑斑病。

②种子如带菌可用 50℃温水浸种 25 min，冷却晾干后

播种，或用种子重量0.4%的50%福美双可湿性粉剂拌种，或用种子重量0.2%～0.3%的50%扑海因可湿性粉剂拌种。

③与非十字花科蔬菜轮作2～3年。

④施足基肥，增施磷、钾肥，有条件的采用配方施肥，提高菜株抗病力。

⑤发现病株及时喷洒75%百菌清可湿性粉剂500～600倍液，或80%喷克可湿性粉剂600倍液、64%杀毒矾可湿性粉剂500倍液、50%扑海因可湿性粉剂500倍液、40%乙·扑可湿性粉剂400倍液、50%双·扑可湿性粉剂800倍液。在黑斑病与霜霉病混发时，可选用70%乙膦·锰锌可湿性粉剂500倍液，或58%甲霜灵锰锌可湿性粉剂500倍液，每667 m^2 喷对好的药液60～70 L，隔7天左右1次，连续防治3～4次。

156. 十字花科蔬菜白斑病可以危害哪些蔬菜？产生什么样的症状？

本病除危害白菜类蔬菜外，还可侵染油菜、红菜薹、萝卜、芥菜和芜菁等。近年来，在国内一些省区，本病在大白菜上危害渐趋严重，尤其在一些高海拔冷凉地区，其危害不亚于霜霉病。

十字花科蔬菜白斑病主要危害叶片，叶片初生灰褐色近圆形小斑，后扩大为直径6～18 mm不等的浅灰色至白色不定形病斑，外围有污绿色，潮湿时斑面出现暗灰色霉状物，病组织变薄稍近透明，有的破裂或穿孔，严重时病斑连合成斑块，最终整叶干枯。大白菜病株叶片从外向内一层层干枯，似火烤状，全田呈现一片枯黄。

☞ 157. 十字花科蔬菜白斑病在田间靠什么传播？发病条件如何？

白斑病菌主要附着在地表的病叶上生存或黏附在种子上越冬，翌年借雨水飞溅传播到白菜叶片上，引起侵染。病斑形成后，其上产生的病菌借风雨传播进行多次再侵染。

此病对温度要求不大严格，5～28℃均可发病，适温11～23℃，旬均温23℃，相对湿度高于62%，降雨16 mm以上，雨后2周左右开始发病。连续降雨可促进病害流行。白斑病流行的气温偏低，属低温型病害。在北方菜区，本病盛发于8～10月份，长江中下游及湖泊附近菜区，春、秋两季均可发生，尤以多雨的秋季发病重。此外，还与品种、播期、连作年限、地势等因子有关，一般播种早、连作年限长、下水头、缺少氮肥或基肥不足、植株长势弱的发病重。

☞ 158. 十字花科蔬菜白斑病主要的防治方法有哪些？

①选用抗病品种。津绿55、津绿75、津绿64号、小青口、大青口、辽白1号等较抗病，可因地制宜选用。

②实行3年以上轮作，注意平整土地，减少田间积水。

③适期播种，增施基肥，中熟品种以适期早播为宜。

④发病初期喷洒25%多菌灵可湿性粉剂400～500倍液，或40%多·硫悬浮剂、50%多霉灵可湿性粉剂800倍液、65%甲霉灵可湿性粉剂1 000倍液、50%甲基硫菌灵可湿性粉剂500倍液、50%苯菌灵可湿性粉剂500倍液，喷药液50～60 L/667 m^2，间隔15天左右1次，共喷2～3次。

(二)主要虫害及其防治

159. 菜蚜是怎样危害蔬菜的？如何防治？

菜蚜又叫“腻虫”、“油汗”，通常以成虫和若虫群集在寄主的叶片和心叶，以口针刺吸蔬菜汁液，受害叶片黄化、卷缩，植株矮小，生长不良，影响包心或结球，造成减产。幼苗受害严重时甚至会死亡。留种株受害，则影响抽薹、开花和结实，花梗扭曲，种荚畸形，影响种子的产量和质量。此外，蚜虫还能传播病毒病，引起远大于蚜虫危害本身的损失。

菜蚜每年发生 10～20 代，能进行两性生殖和孤雌生殖，其繁殖、蔓延速度很快，往往在短期内造成危害，世代重叠现象明显。菜蚜生长发育方式具有多样性，有无翅蚜和有翅蚜之分，对环境的适应性强。当群体密度过高、植株老化或植株生长不良时，会出现大量的有翅蚜虫进行迁飞扩散。成虫对黄色具有很强的趋向性，其次是橙色，对银灰色和白色则有负趋向性，喜在温暖干燥的环境下生活，以春、秋危害严重。

主要防治方法：

①合理轮作；收获后彻底铲除田边杂草，清除枯株残叶，减少越冬虫源。

②用黄板诱蚜。每 667 m^2 插放 12 cm×20 cm 大小的黄色诱虫板 6 块，高出地面 1.5 m 左右，两面涂胶或机油，黏杀成蚜；或用银灰色薄膜驱蚜，方法是：在苗床周围铺上约 20 cm 宽的银灰色薄膜，或在苗床上方每隔 1 m 左右拉一条 5～6 cm 宽的银灰色薄膜带，避蚜效果可达 80%以上。

③在蔬菜生长期间，释放瓢虫、食蚜蝇、草蛉或蚜茧蜂

等，可有效控制蚜虫危害。

④防治时一定要掌握早治的原则。一般当田间发现有翅蚜迁入并有少量个体繁殖时要及时用药。秋季大白菜齐苗后，一定要喷药防治。可用50%马拉硫磷或80%敌敌畏乳油1 500倍液；或用70%灭蚜松可湿性粉剂2 500倍液，或4.5%高效氯氰菊酯乳油15～27.5 mL，或2.5%鱼藤酮乳油100 mL，或48%乐斯本乳油35～50 mL对水喷雾防治。用“尿洗合剂”(尿素∶洗衣粉∶水为1∶0.2∶100)也有良好的防治效果。

☞ 160. 菜青虫有哪些发生危害特点？如何防治？

菜青虫成虫又叫菜粉蝶，是十字花科蔬菜上的一大害虫。其幼虫不仅能取食叶片而且能钻蛀到苞菜心中，对产量质量影响很大。菜青虫的发生危险特点主要是：

①越冬场所复杂，世代重叠严重。菜青虫每年发生多代，南方地区全年均有发生，北方各地以蛹在菜地周围的篱笆、树干、土缝、墙壁、杂草丛中等处越冬。翌年因各个越冬场所的个体发育速度不一致，造成田间世代重叠现象十分普遍，即在整个危害期内均可见有成虫在产卵繁殖，不易集中防治。成虫白天活动，取食花蜜。卵多散产于叶背。幼虫多在早晨孵化，先吃卵壳，再啃食叶肉，受惊时1～2龄幼虫有吐丝下坠习性，大龄幼虫有卷曲落地的习性。5龄为暴食期。

②对甘蓝类蔬菜有选择性。因白菜、花椰菜、芥蓝等甘蓝类蔬菜含有较多的芥子油，能吸引菜粉蝶在其上产卵，因而这类蔬菜田间的虫量较其他菜田多，受害严重。

③春秋两季危害严重。在全年的危害期中，因夏季高

温不利于菜青虫生长发育，夏季天敌对菜青虫的控制作用最强，造成夏季田间虫量相对较少，受害较轻，而春秋两季则相反，田间虫量大，危害较重。

主要防治方法：

①合理进行品种布局，避免十字花科蔬菜连作，以减少过渡寄主，降低虫口密度。

②收获后及时清除田间杂草、残枝老叶，深翻土地，以减少虫源。

③防治应做到勤查、勤治。气温在20℃以下时，选化学农药为宜。当百株甘蓝有虫100头以上时，或幼虫3龄以前应立即用药。可选用下列杀虫剂之一交替使用，对水喷雾，连续2～3次，每667 m^2 用量如下：48％乐斯本乳油80～120 mL，或20％灭扫利乳油20～30 mL，或2.5％鱼藤酮乳油100 mL，或0.05％异羊角扭甙乳油40～60 mL，或5％抑太保乳油25～50 mL，或2.5％功夫乳油15～25 mL，或44％速凯乳油30～40 mL，或5％卡死克可分散液剂25～50 mL，或40％甲基辛硫磷乳油25～50 mL，或4.5％高效氯氰菊酯乳油15～37.5 mL，或20％三唑磷乳油100～125 mL。

气温高于20℃时，应选用微生物农药。可用杀螟杆菌或青虫菌粉（每克含活孢子100亿以上）500～700倍液或菜粉蝶颗粒体病毒制剂每667 m^2 用5 mL对水喷洒。喷药时向稀释液中加入0.1％洗衣粉能使药液在菜叶上均匀展布，提高药效。

☞ 161. 小菜蛾是怎样危害蔬菜的？如何防治？

小菜蛾又称吊死鬼、小青虫，其成虫是一种灰褐色小蛾。危害蔬菜的是其幼虫，老熟后长 6～8 mm，淡绿色，两头稍尖。小菜蛾虫体小，繁殖速度快，产卵量较大，常被人们忽视而暴发成灾。它在中原地带一年可繁殖 6 代，以蛹在田间枯叶和杂草上越冬。成虫昼伏夜出，有趋光性，飞行能力不强，可借风力进行远距离迁飞。小菜蛾在甘蓝和芥蓝上的发生量较菜心上的虫口密度大。小菜蛾的发生量与天气状况也有较大的关系，雨量大、雨日多不利于小菜蛾生长，较高的温度则有利于小菜蛾的生长发育。成虫喜欢在甘蓝、菜花、芥菜、油菜及白菜上产卵，幼虫在菜叶上下表皮间蛀食，或在叶柄、叶腋处蛀食成小隧道，稍大后不再潜叶，即在叶背取食叶肉，仅留叶面表皮，形成透明的“天窗”。幼虫有集中危害菜心的习性，在苗期常集中心叶危害，影响包心；在留种菜上，危害嫩茎、幼荚和籽粒，影响结实。幼虫有吐丝的习性，植株受到震荡时，会吐丝下悬转移。

主要防治方法：

①冬夏季及时清除田间残株落叶，消灭越冬越夏虫源。避免十字花科蔬菜连作，以免菜蛾就近转移危害。

②利用小菜蛾成虫的趋光性，在 4～5 月份发生高峰期，每晚 19:00～23:00 点用黑光灯或其他光源诱捕成虫。

③用性引诱剂进行成虫诱杀。已有人工合成的小菜蛾性引诱剂，每个诱芯含性引诱剂 50 μg。用铁丝或线固定在水盆上方距水面约 1 cm 处，水盆中装有适量的加入洗衣粉的水。每盆诱杀成虫的半径可达 100 m，有效诱蛾时间可达 1 个月。

④微生物防治。用 Bt 乳剂、杀螟杆菌或青虫菌。

⑤药剂防治。一般防治菜青虫时可结合兼治菜蛾。若有必要，可在 2～3 龄幼虫期进行药剂防治，除了防治菜青虫的药剂外，每 667 m^2 还可选用 50%巴丹可溶性粉剂

25～50 g,或 1.8%阿维菌素乳油 35～50 mL,或 5%锐劲特悬浮剂 18～30 mL,或 2.5%菜喜悬浮剂 33～50 mL,或 0.3%印楝素乳油 40～50 mL,对水喷雾防治。

162. 甜菜夜蛾有哪些发生危害特点?如何防治?

甜菜夜蛾以幼虫取食叶片为主,初孵幼虫群集叶背,吐丝结网,在其内取食叶肉,留下表皮,成透明的小孔。3 龄后可将叶片吃成缺刻,严重时仅余叶脉和叶柄,致使菜苗死亡,造成缺苗断垄,甚至毁种。3 龄以上的幼虫还可钻蛀青椒、番茄果实,造成落果、烂果。该虫还钻蛀大葱,现已成为大葱田间重要害虫。

甜菜夜蛾在我国南北各地每年可发生 4～10 代,多以蛹在土壤里越冬。在南方各省区,世代重叠,终年可见其各种虫态。成虫昼伏夜出,趋光性强,夜晚 8 时至午夜前活动最盛。卵多产于蔬菜叶背、叶柄或杂草上。1～2 龄幼虫聚集在卵块附近活动,吐丝拉网,取食叶肉。幼虫 3 龄以后分散危害,4 龄幼虫食量大增,昼伏夜出,有假死现象,虫量过大、食物缺乏时会互相残杀。老熟幼虫在土壤中筑土室化蛹。该虫幼虫低龄时有丝网保护,高龄时体表光滑,有较厚的蜡层,药剂不易黏附,影响防治效果,一旦大发生,常常不易控制,因此,应勤查早治。

主要防治方法:

①定期清除田间杂草;收获后耙地和灌水,以消灭越冬蛹。

②用黑光灯诱杀成虫;人工摘除卵块和群集的低龄幼虫。

③在幼虫 3 龄前，可用 5%抑太保乳油 30～60 mL/667 m^2，或 2.5%菜喜悬浮剂 50～100 mL/667 m^2，或 44%速凯乳油 50～70 mL/667 m^2，对水喷雾，每隔 7～10 天 1 次，连续 2～3 次。

☞ 163. 菜地常见的暴食性害虫主要还有哪几种？怎样识别和防治？

菜地常见的暴食性害虫除甜菜夜蛾外，还有甘蓝夜蛾、银纹夜蛾、斜纹夜蛾等，习惯上统称为食叶夜蛾，其成虫均为中型蛾子。主要识别特征是：甘蓝夜蛾成虫前翅暗褐色，有明显的肾状纹和环状纹；银纹夜蛾成虫前翅深褐色，有明显的"U"形银色纹；斜纹夜蛾成虫前翅灰褐色，中央有明显的白色带状斜纹。

田间危害虫态均为幼虫。其区别如下：甘蓝夜蛾幼虫体色多变，每节背部有倒"八"字形黑纹，多呈绿色或黄褐色，有 3 对胸足和 5 对腹足；银纹夜蛾幼虫多呈绿色，前部细后部渐粗，第一、二对腹足退化，只有 3 对腹足，行走时体背拱曲；斜纹夜蛾幼虫体色多变，多数为黄褐色至淡绿色，各体节背部两侧有"三角形黑斑"一对，除 3 对胸足外还有 5 对腹足。

上述几种害虫一般情况下将叶片吃成孔洞，取食幼苗时，可将幼苗全株吃下，暴发时均能在短期内将叶片吃光并转移危害。也可钻蛀到甘蓝包心中危害，大量排泄粪便，引起污染、烂心。除啃食叶片外，还取食花蕾、花和果实。

主要防治方法：

①秋耕、冬耕时杀死越冬蛹，清除田间残株落叶及杂草，能消灭大量潜伏虫源。

②利用黑光灯或糖醋液可诱杀夜蛾类成虫，减少田间产卵量，方法同地老虎。

③微生物防治。同小菜蛾。

④释放赤眼蜂进行生物防治，每 667 m^2 设 6～8 个放蜂点，每次释放 2 000～3 000 头，每隔 5 天 1 次，持续 2～3 次。

⑤化学防治。幼虫 3 龄前用药，方法及药剂可参照菜青虫的防治。

164. 钻蛀危害萝卜、白菜等蔬菜幼苗心叶的害虫是什么？怎样防治？

钻蛀危害萝卜、白菜等蔬菜幼苗心叶的害虫是菜螟。该虫在全国都有发生，南方各省区危害重。幼虫孵化后爬向心叶，吐丝结网，躲在里面危害心叶，破坏生长点，使幼苗生长受抑制，严重时可造成幼苗大片萎蔫死亡。4～5 龄幼虫还可以钻蛀茎髓和根部，传播软腐病菌，引起植株腐烂。

菜螟每年发生 3～9 代，多以老熟幼虫在避风向阳处的越冬囊中越冬。越冬囊是该虫吐丝将土粒和枯叶缀合而成的保护设备，少数也可以蛹越冬。成虫昼伏夜出，有微弱趋光性，飞翔能力不强。喜在幼苗上产卵，多散产于幼嫩叶片。老熟幼虫在土壤中或菜心处吐丝结茧化蛹。菜螟适宜高温低湿环境，若气温低于 20℃而相对湿度高于 75%，则生长发育受抑制，幼虫大量死亡。地势高、干旱且灌溉不及时，有利于菜螟的大发生。

主要防治方法：

①收获后及时清洁田园，进行深耕，消灭表土或枯叶残株内的幼虫和蛹。适当调节播种期，使幼苗与菜螟产卵和

幼虫危害盛期错开。

②加强田间管理，适当灌溉，提高田间湿度，抑制害虫，促进菜苗生长。

③合理安排茬口，尽量避免连作。

④初见心叶受害或菜心上有丝网时(幼虫2龄期)用药剂防治，每667 m^2 用2.5％功夫乳油20～40 mL，或44％速凯乳油30～50 mL，或5％抑太保乳油30～50 mL等，对水喷雾防治。

☞ 165. 黄条跳甲有哪些发生危害特点？如何防治？

黄条跳甲主要有黄条曲条跳甲和黄条直条跳甲两种，形态习性均相似，俗称地蛇蚤。成虫食叶，以幼苗期危害严重。刚出土的幼苗，子叶被吃光后整株死亡，造成部分缺苗断垄，在留种地主要危害花蕾和嫩荚。幼虫生活在土中，只危害菜根，蛀食根皮，咬断须根，可导致幼苗萎蔫枯死。

两种跳甲每年发生多代，以春秋两季发生严重。以成虫在落叶或杂草中越冬。成虫活泼，善于跳跃，中午活动最盛，早晨及晚上躲藏在叶背部或土壤中。产卵于植株周围湿润的土壤中或在植株茎部咬一小孔产卵。具趋光性，对黑光灯特别敏感。幼虫在土壤中生活，孵化后咬食植株根部，沿须根至主根咬食根表皮。老熟幼虫在土中作土室化蛹。

黄条跳甲的防治应结合农业防治进行：

①十字花科蔬菜与其他蔬菜轮作，播前深耕晒土，可有效降低田间害虫数量。

②清洁田园，清除残株落叶并铲除杂草，消灭越冬或前茬留下来的成虫。

③用灯光诱杀成虫。

④药剂防治。可用80%敌敌畏乳油50～60 mL/667 m^2，或20%灭扫利乳油15～20 mL/667 m^2，或2.5%功夫乳油10 mL/667 m^2，或48%乐斯本乳油50 mL/667 m^2，对水喷雾防治成虫；也可用50%辛硫磷乳油50 mL/667 m^2，或50%巴丹可溶性粉剂25～50 g/667 m^2，或48%乐斯本乳油100 mL/667 m^2，或44%速凯乳油30～50 mL/667 m^2，对水浇灌根部，防治幼虫。

166. 猿叶虫有哪些发生危害特点？如何防治？

猿叶虫成虫和幼虫均危害叶片，初孵幼虫仅啃食叶肉，形成许多小凹斑痕，大龄幼虫和成虫取食叶片造成孔洞和缺刻，严重时仅食剩叶脉和叶柄，造成减产。

该虫每年发生2～6代，以成虫在枯叶、菜叶下和土壤隙缝中越冬，在菜根附近的土壤表面和植株的心叶上产卵。幼虫共4龄，受惊吓时会分泌黄色液体。幼虫和成虫都有假死现象，昼夜均取食。老熟幼虫在枯叶、土隙或石块下化蛹。

主要防治方法：

①蔬菜收获后及时清理菜园中的杂草和残茬，减少虫源。

②利用猿叶虫成虫和幼虫的假死性，在清晨震动菜株，震落虫子，集中消灭。

③越冬前在田边堆放稻草等，诱集成虫进入草堆内越冬，然后将成虫烧死。

④用药剂防治成虫，用80%敌百虫可溶性粉剂150 g/667 m^2，或40%甲基辛硫磷乳油25～50 mL/667 m^2，或

80%敌敌畏乳油 50～60 mL/667 m^2 等对水喷雾。或用这些药液灌根防治幼虫。

☞ 167. 菜蝽有哪些发生危害特点？如何防治？

菜蝽主要危害十字花科植物，受害最重的是甘蓝、萝卜、白菜、芥菜、油菜。菜蝽以刺吸式口器吸食寄主植物的汁液，特别喜欢刺吸嫩芽、嫩茎、嫩叶、花蕾和幼荚。它们的唾液对植物组织有破坏作用，被刺处留下黄白色至微黑色斑点。幼苗子叶期受害严重者，遂即萎蔫干枯死亡；受害轻者，使植株矮小且延迟抽薹开花期。在抽薹开花期受害者，花蕾萎蔫脱落，不能结荚，或结荚籽粒不饱满，使菜籽减产。菜蝽身体内外还能携带十字花科细菌性软腐病的病菌。

菜蝽在我国北方一年发生 1～2 代，以成虫在枯叶下、石块下或土缝里越冬。翌年 4 月份开始活动，5 月份交配产卵。5～9 月份为主要危害期。出现晚的成虫，产卵可延迟到 8 月份，这部分一年仅能完成 1 代。卵多在夜间产于叶背，单层成块。菜蝽适应性、耐饥力都较强，并且有趋嫩、喜光习性，多栖息在植株顶端幼嫩处和阳光直射的枝叶上取食和交配。成虫中午特别活跃，善飞，早晚不太活动，特别是早晨露水未干之前，多在植株上部，边交配，边取食。菜蝽有假死习性，受惊后即假死坠落，或振翅飞走。

主要防治方法：

①早春清除田边、渠边、林带及果园内野生十字花科杂草。适时浇水，淹杀产在地面的第一代卵块。

②严重危害时期，可选用 2.5% 功夫菊酯乳油，或 2.5% 天王星乳油，或 5% 来福灵乳油，或 10% 氯氰菊酯乳油各 2 000～3 000 倍液喷雾。

168. 粉斑夜蛾有哪些发生危害特点？如何防治？

粉斑夜蛾主要危害白菜、芥蓝、青花菜、甘蓝等十字花科蔬菜和莴苣、甜菜、豌豆、芹菜、香菜、番茄、马铃薯、香石竹等。常与菜青虫、小菜蛾一起危害十字花科蔬菜。成虫体长 14～16 mm，翅展 28～33 mm。头、胸、腹灰褐色。幼虫浅绿色。该虫是一种分布很广的杂食性害虫。以蛹在寄主上越冬，卵散产在叶子正面，每雌平均产卵 300～350 粒，成虫夜出活动，有趋光性。

主要防治方法：

①收获后及时清洁田园，灭蛹和幼虫，以减少虫源。

②合理布局，适时播种。

③虫产卵高峰后 7～8 天，3 龄幼虫达 50%，选用青虫菌 6 号 1 000 倍液或 Bt 乳剂或 8401、8010 等 600～800 倍液喷雾；也可选用 25%灭幼脲 3 号悬浮剂 500 倍液，在卵孵化高峰期用药，使幼虫不能正常蜕皮、变态而死亡。使用苏云金杆菌制剂最好选用低容量喷雾，此外还可与低剂量的化学农药混用，如与马拉松、杀灭菊酯、溴氰菊酯、氯氰菊酯等混用。如在青虫菌 6 号液中加入 10%氯氰菊酯 3 000～4 000 倍液对菜青虫、小菜蛾、棉蚜、甘蓝蚜、甘蓝夜蛾等均具增效作用。

④提倡施用苦参素 500～800 倍液。

⑤喷洒 90%灭多威可湿性粉剂 2 000 倍液，或 5%抑太保乳油 2 000 倍液、20%氰戊菊酯乳油 2 000～2 500 倍液、2.5%溴氰菊酯乳油 2 000 倍液、2.5%功夫菊酯乳油 2 000 倍液、2.5%天王星乳油 3 000～4 000 倍液、5%锐劲

特悬浮剂每 667 m^2 50～100 mL。采收前 7 天停止用药。

☞ 169. 油菜筒喙象有哪些发生危害特点？如何防治？

油菜筒喙象主要危害油菜、白菜、萝卜、芥菜、甘蓝等十字花科蔬菜。该虫在内蒙古、辽宁、北京、河北、天津、山西、江西等地均有发生和危害。越冬成虫取食油菜苗的幼嫩茎叶，严重者咬断茎杆，造成全株死亡。幼虫蛀食茎髓，危害主茎茎髓形成隧道，茎内组织呈锯末状，并混有粪便，表皮呈褐绿色或褐黑色，症状十分明显。受害部位大部分在根部以上的茎基部，少数在茎中部或上部。成虫长纺锤形。

该虫内蒙古、辽宁、山西每年发生 1 代，以成虫在当年油菜根茬附近草埂、草滩、山坡的土石块下越冬，极少数在油菜的根茬中越冬，越冬多与其他象甲群居。成虫产卵于油菜靠近地面的主茎和侧茎上，少数产于叶片的叶脉上。孵化后，幼虫钻入油菜髓部危害，1、2 龄主要向上部蛀食，3 龄后向下蛀食，侵害初期茎部表皮形成明显的黑斑和叶部萎蔫，随着龄期的增大，危害也随之加剧。老熟幼虫在根颈处化蛹，蛹期 6～7 天，羽化后在薹的或高或低处咬一圆形孔钻出，随即越夏或越冬，到翌年又出蛰。该虫喜低温干燥，春季干旱的旱地发生重。

主要防治方法：

①在越冬成虫迁移到油菜田尚未产卵前，喷 50%马拉硫磷乳油 1 500 倍液保苗。

②在栽培措施上，应尽量扩大芥菜型油菜的播种面积，

并安排在滩地或下湿滩地上种植。

③及时收获，把虫消灭在越夏之前。油菜刚成熟马上连根拔出，这时幼虫或蛹还在茎或根茎内，脱粒时可把幼虫压死。

④收获后拾茬集中深埋或沤肥。

六、茄科蔬菜无公害生产病虫害防治

（一）主要病害及其防治

☞ 170. 茄科蔬菜有哪些？有哪些常见病害？

茄科蔬菜包括番茄、辣椒、茄子及马铃薯等。

茄科蔬菜病害种类繁多，危害番茄生产的主要有番茄病毒病、番茄晚疫病、番茄早疫病、番茄灰霉病、番茄枯萎病和番茄叶霉病等。辣椒病害主要有花叶病、青枯病和枯萎病以及疫病等。危害茄子的主要病害有绵疫病、褐纹病和黄萎病。

☞ 171. 番茄叶霉病的典型症状有何特征？是如何发生的？

番茄叶霉病俗称“黑毛”，是保护地番茄上的重要叶部病害，一旦发生，扩展迅速。该病主要危害叶片，严重时也可以危害茎、花和果实。叶片受害后，叶面出现不规则形淡黄色褪绿斑，叶背出现灰褐色绒状霉层。潮湿时，叶片正面也可长出黑霉，随病情扩展，叶片由下向上逐渐卷曲，植株呈黄褐色干枯。嫩茎或果柄受害后，病斑与叶部类似，并可引起花器发病。果实受害后，果蒂附近或果面形成黑色斑块，硬化凹陷，不能食用。

番茄叶霉病是由真菌引起的病害。病菌在田间病残体内或在种子表皮内外越冬。翌年如遇适宜条件，产生分生孢子，借气流传播，从幼苗或成株叶片等部位侵入，如播种带病种子，引起幼苗发病。病菌侵入后，在植物体内吸取水分和养分，形成病斑，在病斑上可以产生大量分生孢子，不断进行再侵染。该病害仅侵染番茄。气温22℃左右，相对湿度高于90%，利于病菌繁殖，发病重。该病从开始发病到流行成灾，一般需半个月左右的时间。相对湿度低于80%，不利于分生孢子形成及病菌侵染和病斑扩展。阴雨天气，大棚通风不良，棚内湿度大或光照弱，叶霉病扩展迅速，晴天光照充足，棚内短期增温至30～36℃，对病菌有明显抑制作用。

172. 番茄叶霉病的防治方法有哪些？

(1)选用抗病品种

不同品种对番茄叶霉病的抗性明显不同，如双抗2号、佳粉、双抗4号、沈粉3号、佳红等品种较抗病。选用抗病品种时，注意及时更换，以免抗性丧失。

(2)种子处理

播前种子用52℃温水浸30 min，晾干播种。

(3)轮作

发病重地区，应实行3年以上轮作。

(4)加强棚室管理

于定植前熏蒸大棚，用硫磺粉末0.13～0.25 kg，分几处点燃后，把棚内密闭熏24 h。入棚进行农事操作前要充分开棚透风。定植后棚内适时通风，适当控制浇水，浇水后及时排湿，使其形成不利病害发生的温湿条件；适当密植，及时整枝打杈，摘除老叶病叶，增强通风；避免氮肥过多，适当增施磷、钾肥，提高植株抗病力。

(5)药剂防治

发病初期用45%百菌清烟剂，熏一夜或于傍晚喷洒7%叶霉净粉尘剂，隔8～10天1次，连续或交替轮换施用。可在发病初期以50%多硫悬浮剂700～800倍液、50%硫磺悬浮剂300倍液、70%甲基硫菌灵可湿性粉剂800～1 000倍液喷雾，隔7～10天1次，连续防治2～3次。

173. 番茄灰霉病有什么主要症状？

该病可以危害花、果实、叶片及茎。果实受害后青果发病重，残留的柱头或花瓣先被侵染，后向果面或果柄扩展，导致果皮灰白色软腐，病部长出大量灰绿色霉层，果实失水后僵化，有时可见病部产生黑色片状菌核。叶片发病，多从叶尖或叶缘开始，病斑呈"V"字形向内扩展，初水侵状，浅褐色，边缘不规则，具深浅相间轮纹，后来叶表面产生灰霉，叶片干枯。茎部受害后，开始亦呈水浸状小点，后扩展为长椭圆形或长条形斑，潮湿时产生灰褐色霉层，严重时引起病部以上枯死。

174. 番茄灰霉病是如何发生的？

番茄灰霉病是由真菌引起的病害，病菌主要在土壤中或在病残体上越冬。翌春条件适宜，病菌萌发，产生菌丝体和分生孢子梗及分生孢子，借气流、雨水或露珠及农事操作进行传播，从寄生伤口或衰老的器官侵入，沾花是重要的人为传播途径。花期是发病高峰期，尤其在穗果膨大期浇水后，病情剧增，也是烂果高峰期。该病害在田间借气流传播可以进行多次再侵染，条件适宜时，快速蔓延危害，短期内造成严重的损失。病菌的发育适温为20～23℃，最高31℃，最低2℃。对湿度要求很高，相对湿度持续90%以上易发病。此外，密度过大，管理不当，都会加快此病的扩展。

175. 如何防治番茄灰霉病?

(1)生态防治法

加强通风，变温管理。晴天上午放风，使棚温迅速升高，当棚温升至33℃，再开始放顶风，31℃以上高温可减缓和抑制病菌萌发生长。下午棚温保持在25～20℃；当棚温降至20℃关闭通风口，夜间棚温保持15～17℃；阴天中午应该打开通风口换气。

(2)加强栽培管理

施足底肥，严格控制花期的浇水，浇水宜在上午进行，发病初期适当节制浇水，严防过量，每次浇水后，加强管理，防止结露。发病后及时摘除病果、病叶和病枝，摘除残留花瓣和柱头，集中烧毁或深埋，严防乱扔，避免造成人为传播。

(3)药剂防治

①在发病前用药：第一次用药在定植前对番茄苗用50%速克灵可湿性粉剂1 500倍液或50%多菌灵可湿性粉剂500倍液喷雾；第二次在沾花时，在配好的2,4-D或防落素稀释液中，加入0.1%的50%速克灵可湿性粉剂或50%扑海因可湿性粉剂、50%多菌灵可湿性粉剂进行沾花或涂抹，使花器着药；第三次掌握在浇催果水前1天用药。

②发病初期用药：喷洒50%速克灵(腐霉利)可湿性粉剂2 000～2 200倍液、50%扑海因(异菌脲)可湿性粉剂1 500倍液、40%多硫悬浮剂600倍液或36%甲基硫菌灵

悬浮剂 500 倍液，隔 7～10 天 1 次，共 3～4 次。如喷洒 50％扑海因可湿性粉剂 2 000 倍液加 50％甲基托布津可湿性粉剂 1 000 倍液，有利于提高防效，降低成本，延缓抗药性。在棚室番茄灰霉病始发期，施用特克多、速克灵、百菌清烟剂熏 1 夜，隔 7～8 天 1 次，或于傍晚喷洒 5％百菌清粉尘剂。由于灰霉病菌易产生抗药性，应尽量减少用药量和施药次数，必须用药时，要注意多种杀菌剂的轮换交替使用。

☞ 176. 番茄晚疫病有什么主要症状？是如何发生的？

番茄叶、茎和果实均可受害，其中叶和青果受害重。叶片发病，多从植株下部叶尖或叶缘开始发病，初为暗绿色水浸状不规则形病斑，扩大后转为褐色至整个叶片。潮湿时，叶背病健组织交界处产生白霉，干燥时病斑干枯。茎上病斑呈黑褐色腐败状，导致植株萎蔫；果实发病主要在青果上，病斑初呈水浸状暗绿色，后变成暗褐色，稍凹陷，边缘明显，果实不变软，湿度大时迅速腐烂。

此菌只危害番茄和马铃薯，且对番茄的致病力强。病菌主要在冬季栽培的番茄及马铃薯块茎中越冬。借气流或雨水传播到番茄植株上，在田间形成中心病株，病菌的营养菌丝在寄主体内快速扩展蔓延，经 3～4 天，病部即可长出菌丝和孢子囊，进行多次重复侵染，引起该病流行。尤其中心病株出现后，伴随雨季到来，病势扩展迅速。该病发生的温度条件容易满足，能否发病或流行取决于有无饱和的相对湿度或水滴。因此，降雨的早晚、雨日多少、雨量大小及持续时间长短是决定该病发生和流行的重要条件。地势低洼、排水不良，致田间湿度大，易诱发此病。

177. 如何防治番茄晚疫病?

(1)种植抗病品种

选用如渝红 2 号、中蔬 4 号、中蔬 5 号、佳红、荷兰 5 号等抗病品种。

(2)栽培管理

合理密植,利于通风透光。及时绑架、整枝、打杈和打底叶,及时清除落叶。充分施足基肥,注意排水。保护地番茄重点抓生态防治,从苗期开始,严格控制生态条件,防止棚室高湿条件出现。重病田应与非茄科作物实行 3 年以上轮作。

(3)药剂防治

在番茄发病初期以 72.2%普力克水剂 800 倍液、40%甲霜铜可湿性粉剂 700～800 倍液或 64%杀毒矾可湿性粉剂 500 倍液喷雾,隔 7～10 天 1 次,连续防治 4～5 次。也可用 50%甲霜铜可湿性粉剂 600 倍液灌根,每株灌药液 0.3 L,10 天 1 次,连续 3 次。保护地采用 45%百菌清烟剂或 5%百菌清粉尘剂,隔 9 天 1 次。

178. 番茄枯萎病有什么主要症状?是如何发生的?如何防治?

番茄枯萎病一般在开花结果期始发,发病初期茎上出现凹陷,由下向上叶片开始发黄,变褐后枯死,有时半个叶序或半边叶变黄。剖开病茎,维管束变褐。潮湿时,病部产生粉红色霉层,本病的发病速度缓慢,一般 15～30 天植株枯死。

该病是由真菌引起的病害,只侵害番茄。病菌以菌丝体或厚垣孢子随病残体在土壤中或附着在种子上越冬，从幼根或伤口侵入寄主，进入维管束产生有毒物质，导致病株叶片黄枯而死。病菌通过水流或灌溉水传播蔓延，土温28℃，土壤潮湿，连作地，移栽或中耕时伤根多，植株生长势弱的发病重。21℃以下或33℃以上病情扩展缓慢。

主要防治方法：

①实行3年以上轮作，施用充分腐熟的有机肥，适当增施钾肥，提高植株抗病力。

②选用苏抗5号、西安大红、蜀早3号、渝抗4号、强力米寿、佛洛雷德、强丰、满丝等耐病品种。

③采用新土育苗或床土消毒。用50%多菌灵可湿性粉剂8～10 g/m² 拌土4～5 kg，先将1/3药土撒在畦面上，然后播种，再把其余药土覆在种子上。

④种子消毒，用0.1%硫酸铜浸种5 min催芽，播种。

⑤发病初期喷洒50%多菌灵可湿性粉剂或36%甲基硫菌灵悬浮剂500倍液，或用10%双效灵水剂200倍液灌根，每棵灌药液0.5 L，隔10天1次，连续3次。

179. 番茄脐腐病有什么症状？是如何发生的？如何防治？

番茄脐腐病又称蒂腐病，属生理病害。初在幼果脐部出现水浸状斑，后逐渐扩大，至果实顶部凹陷，变褐，后期遇湿度大果面出现黑色霉状物。病果提早变红且一般不腐烂，果皮质地坚韧。

该病发生多是由于生育期间水分供应不均引起，尤其干旱时，水分供应失常，番茄叶片蒸腾消耗所需的大量水分，与果实进行争夺，特别当果实内果脐部的水分被叶片夺走时，由于果实突然大量失水，导致其生长发育受阻，形成脐腐。干旱条件下喷洒波尔多液发病重。

主要防治方法：

地膜覆盖可保持土壤水分相对稳定。适量及时灌水，尤其结果期更应注意水分均衡供应。选用果皮光滑、果实较尖的品种，如奇果、长春1号等较抗病。合理施肥，根外追施钙肥。使用遮阳网覆盖。从初花期开始，喷洒1%的过磷酸钙，或0.5%氯化钙加5×10^{-6}萘乙酸、0.1%硝酸钙及爱多收6 000倍液，隔15天1次，连续2次。

☞ 180. 番茄裂果和日灼是如何发生的？如何预防？

在果实发育后期或转色期遇夏季高温、烈日、干旱和暴雨等情况，果皮的生长与果肉组织的膨大速度不同步时，则出现裂果现象。特别是阵雨或暴雨后，导致根系生理机能障碍，都会产生裂果。日灼多数是由于在果实膨大期，天气干旱，土壤缺水，果实受强烈日光照射后，蒸发消耗水分增多，果面温度过高而灼伤。一般在果实的向阳面易发生日灼。

可以通过以下几方面的措施预防番茄裂果和日灼的发生：

①选择抗裂、枝叶繁茂的品种。一般长形果、果蒂小、棱沟浅的小果型或叶片大、果皮内木栓层薄的品种，如广茄1号、圆红、浙江1号、农大23、冀番2号、红玛瑙144、扬州24号等较抗裂。

②保护地要加强通风，使叶面温度下降，阳光过强可采用遮阳网覆盖，降低棚温。及时适度整枝打杈，保证植株叶片繁茂，加强植株体内多余水分的蒸腾，防止强光直接照射

果实。

③及时灌水，强光下棚内气温急剧升高，及时灌水可降低植株体温，避免发生日灼。控制好土壤水分，尤其结果期不可过干过湿，大雨前不宜过干，雨后及时排除积水。增施有机肥，改良土壤结构，提高保水力。

④雨季或大雨前要及时采收。

181. 番茄空洞果（空腔果）是如何发生的？如何预防？

果皮部与果实内部的发育不平衡，果实胚座发育不良与果壁间产生空洞，空洞果果实外形有棱角，果实内果汁少，几乎没有种子。主要因为高温使不成熟花粉增多，无法正常受精，导致只有果壁发育而胚座发育不良形成无籽番茄。不顾植株长势和坐果情况，用生长激素处理未成熟的花或开花坐果期间土壤过于干旱等，造成果实肥大而水分供应受阻，就会增加空洞果的发生。

预防方法：施用生长激素浓度要适宜，方法要得当，开花期间要防止温度过高或过低，以免授粉受精不正常，及时疏果，加强水肥管理，避免干旱缺水。

182. 番茄筋腐病（黑皮病）是如何发生的？如何预防？

筋腐病是在果实着色期出现的生理病害。果实表面呈明显的红绿着色不匀现象；果皮内侧壁面部变褐或黑褐，果实内胚座和果脐基本正常。原因是果实膨大期间日照不足，高温多湿，氮多钾少，夜温过高，密度过大造成叶片相应遮荫，均易引起筋腐病的发生。

预防方法：改善采光条件，增加光照；合理密植，使果实直接受光；果实膨大期间少施氮肥多施钾肥；如果枝叶过于茂盛，可在果穗周围掐掉一部分叶片，让果实有一定的空间，既通风透光，又减少湿度。另外，可选择抗筋腐病的品种。

183. 有哪些原因造成番茄落花落果？如何控制？

在早春或高温季节栽培番茄，落花、落果常普遍而严重，有时第一穗花果可能全部脱落，第二穗花果大部分脱落。产生的原因有遗传或受不良环境条件的影响两方面。如花器先天发育不良，导致花器不能正常授粉或受精而造成落花落果。外界环境条件不良主要有早春温度偏低，白天温度偏高，光照不足，干旱缺水或供肥不足等原因造成落花落果。

控制措施：加强栽培管理，培育适龄壮苗。适期定植，避免受冻，合理施肥，防止偏施氮肥，浇水要小水勤浇，避免大水漫灌或积水，保证水、气、肥、温的协调。使用遮阳网覆盖，防止高温危害。早春开花期气温低，用生长素喷花或涂抹，刺激果实发育，防止落花落果。

184. 如何控制番茄生理性卷叶病的发生？

番茄采收前或采收期，有时突然发生番茄第一果枝叶片稍卷，或全株叶片呈筒状变脆，导致果实直接暴露于阳光下，引起日灼。

此病发生主要与土壤、灌溉及管理有关。当气温升高或田间缺水时，番茄关闭气孔，致叶片收拢或卷缩而出现生理性卷叶。

主要预防方法：定植后进行抗旱锻炼。合理施肥，确保土壤水分充足，阳光过强时采用遮阳网覆盖栽培，及时做好整枝打杈。

185. 番茄早疫病有什么主要症状？是如何发生的？如何防治？

番茄早疫病，又称为“轮纹病”，番茄苗期、成株期均可受害，主要侵害叶、茎、花、果。叶片发病初期呈针尖大小的黑点，后发展成为不断扩展的深褐色同心轮纹斑，边缘有黄色晕环。茎部发病后，多在分枝处产生深褐色不规则圆形病斑，表面生灰黑色霉状物。叶柄受害，产生深褐色椭圆形轮纹斑，青果染病，在蒂部附近产生不定形褐色病斑，后期果实开裂，病部较硬，密生黑色霉层，病果易脱落。

该病是由真菌引起的病害，潜伏期短，侵染速度快，除危害番茄外，还可侵染茄子、辣椒、马铃薯等。病菌在病残体或种子上越冬，侵入植物组织后 2～3 天可出现病斑，3～4 天出现分生孢子，并通过气流和雨水进行多次重复侵染。当番茄植株旺盛生长及果实迅速膨大时，基部叶片开始衰老，如果这时气温保持 20℃ 左右，有一定降雨，相对湿度大于 70％时，该病即开始发生和流行。因此，每年雨季到来的迟早，雨日的多少，降雨量的大小和分布，均影响相对湿度的变化及番茄早疫病的扩展。此外，如果田间管理不当，基肥不足，植株长势衰弱，发病重。水肥供应良好，植株生长健壮，发病轻。

主要防治方法：

①种植抗病品种。如选用茄抗 5 号、粤胜、奇果、矮立

元、密植红等抗病品种。

②加强栽培管理。充分施足基肥，适时追肥，提高番茄植株抗病力。合理密植，及时绑架、整枝和打底叶，利于通风透光。保护地番茄重点抓生态防治，调整好棚内温湿度，尤其是定植初期，闷棚时间不宜过长，防止棚内湿度过大温度过高，减缓该病发生蔓延。露地番茄雨后及时排水，清除落叶和病果等。重病田应与非茄科作物轮作 2～3 年。

③药剂防治。病前或发病初期开始喷洒 50％扑海因可湿性粉剂 1 000～1 500 倍液、75％百菌清可湿性粉剂 600 倍液、58％甲霜灵锰锌可湿性粉剂 500 倍液，病前用药可以压低前期菌源，有效预防和控制番茄早疫病的发生。保护地番茄可以采用粉尘法，于发病初期喷洒 5％百菌清粉尘剂或施用 10％速克灵烟剂，隔 9 天 1 次，连续防治 3～4 次。番茄茎部发病对产量的影响较大，除喷淋上述杀菌剂外，也可把 50％扑海因可湿性粉性剂配成 180～200 倍液，涂抹病部，隔 7～8 天 1 次。

☞ 186. 番茄绵疫病有什么主要症状？是如何发生的？如何防治？

番茄绵疫病，又称褐色腐病，主要危害未成熟果实。先在近果顶或果肩部出现表面光滑的淡褐色斑，有时长有少许白霉，后逐渐形成同心轮纹状斑，渐变为深褐色，皮下果肉也变褐。湿度大时，病部长出白色霉状物，病果多保持原状，不软化、易脱落。叶片染病，其上长出水浸状大型褪绿斑，慢慢腐烂，有的可见同心轮纹。发病温度为 8～38℃，30℃最适。相对湿度高于 95％，菌丝发育良好。7～8 月份高温多雨季节或低洼、土质黏重地块发病重。

主要防治方法：

①实行3年以上轮作。

②采用地膜覆盖。

③及时摘除病果，深埋或烧毁。

④药剂防治可选用58%瑞毒霉锰锌600倍液，或64%杀毒矾500倍液，或72%霜脲锰锌600倍液等，或60%琥·乙膦铝600倍液等，重点喷施果穗，适当兼顾地面，喷药后1 h降雨应补喷，做到雨前雨后及时防治，以控制病害的发生与蔓延。

187. 番茄病毒病有哪些典型症状？

番茄病毒病可以受到不同的病毒危害而产生不同的症状，各症状的具体表现会因品种、不同和环境条件的改变而有差异。主要症状有花叶型、条斑型以及蕨叶型。

(1)花叶型

是最普通的症状类型，叶片上出现绿色深浅不匀的斑驳，有时叶片凹凸不平，叶片变小且畸形，上部新叶细长狭窄，有时植株矮化，所结果实的质量较差。

(2)条斑型

是指茎上出现暗绿色略微凹陷的短条斑，后又变为黑色条斑；同时中、上部叶片背面叶脉上也发生黑色短条斑，并迅速向下蔓延。叶片发黄，叶柄发黑。病果畸形，并可能龟裂腐烂，失去食用价值。发病后期全株枯萎死亡，病株一般全无收成。

(3)蕨叶型

病株的上部叶片黄绿色，并直立上卷，小叶形成极为纤细且扭曲的线状叶片，呈“鸡爪状”，同时整个植株矮化、细小。下部叶片的叶缘向上卷起成筒状。

188. 如何防治番茄病毒病?

番茄病毒病的防治主要包括选育抗病品种、栽培防病和药剂防治等根本措施。

(1)选用抗病品种

选用抗病品种是防治病毒病害的根本措施。根据当地的病害发生情况,选用较为抗病的品种,目前抗病毒的品种有强丰、中蔬4号、中蔬5号、佳粉10号、毛粉802等。

(2)种子处理

用10%磷酸三钠溶液浸种20 min,用清水洗净,催芽播种。或者将种子在70℃处理3天或80℃处理1天,可以消除种子内外的病毒。

(3)加强栽培管理

选择的种植地块尽量避免与茄科作物连作。冬前深翻,施足底肥,注意氮、磷、钾的配合。徒长苗和生长衰弱的幼苗容易染病,因此应注意培育壮苗,减轻病害的发生。适期早定植,合理密植,定植后注意合理灌溉,这样可以适当降低田间的温度和光照,抑制发病。要注意避免田间的人为传病,危害植株的病毒在田间主要是通过人工分苗、移栽、绑架、整枝、打杈等操作进行传播的。因此,健株和病株要分别进行操作,接触过病株的手要用肥皂或10%磷酸三钠消毒。

(4)药剂防治

针对可以传播病毒的蚜虫,苗床期开始喷施药剂灭蚜。另外,在发病初期可以喷施20%病毒灵、1.5%植病灵、20%病毒A等,隔7~10天喷1次,连喷3次。

☞ 189. 番茄溃疡病有什么主要症状？是如何发生的？如何防治？

溃疡病在番茄幼苗至结果期均可发生。幼苗受害后始于叶缘，由下部向上逐渐萎蔫，病株矮化或枯死。成株受害后，开始下部叶片凋萎似缺水状，后期茎内变褐以至中空，最后全株枯死，上部顶叶呈青枯状。果柄受害出现褐色腐烂，导致幼果滞育、畸形和种子带菌。有时病果产生“鸟眼斑”症状，即果面有隆起的白色圆点，单个病斑中央为褐色木栓化突起，有时“鸟眼斑”连在一起形成不定形的病区。

番茄溃疡是由细菌引起的病害。该病害可以危害一些茄科植物。病菌可在种子内、外及病残体上越冬，并可随病残体在土壤中存活 2～3 年。由各种伤口侵入番茄植株，也可从植株茎部或花柄处侵入，导致种子内带菌。在田间病菌的传播主要靠雨水及灌溉水，在连阴雨及暴风雨天气，通过分苗移栽及整枝打杈等农事操作进行传播蔓延。温暖潮湿，结露持续时间长及暴雨多，发病重。有喷灌的大棚或温室，果实易显症。当病健果混合采收时，病菌会污染种子，造成种子外带菌。本病主要通过种子、种苗及未加工果实的调运进行远距离传播。

主要防治方法：

①对番茄生产用种严格检疫，防止病菌传播蔓延。

②建立无病留种地。从无病株采种，必要时用 55℃温水浸种 30 min，或 70℃干热灭菌 72 min。

③使用新苗床或采用营养钵育苗。

④与非茄科作物实行 3 年以上轮作，及时除草，避免带露水操作。

⑤发现病株及时拔除，全田喷洒 1∶1∶200 波尔多液、14%络氨铜水剂 300 倍液、12%绿乳铜乳油 500 倍液或 72%农用硫酸链霉素可溶性粉剂 4 000 倍液。

190. 如何识别棚室番茄细菌性叶斑病？如何防治？

①发病时期从苗期开始就有表现，同一植株叶片先感病，茎和花后感病。

②发病部位叶片、茎、花均感病，发现一株感病后蔓延速度快。

③发病症状叶片表现：有黑褐色小圆点，周围有黄色晕圈，病斑基本不扩大，但蔓延速度很快。茎上表现：有黑褐色不规则条斑，病斑只侵染表层，不向里发展。花上表现：花萼、花瓣上均感病，病斑黑褐色近圆形小点，花颜色不鲜艳，发锈，坐不住果。

主要防治方法：

①采用药剂：首选可杀得，其次链霉素。

②药剂浓度：可杀得 1 000～2 000 倍液，链霉素 3 000～4 000 倍液。

③防治时期：苗期开始叶喷，定植缓苗后进行第二次，间隔 7～10 天以后进行第三次，即可有效防治番茄细菌性叶斑病的发生和蔓延。

191. 保护地西红柿缺氮有什么症状？如何防治？

保护地西红柿一旦缺氮，就会造成植株瘦弱，叶色发淡，呈淡绿或浅黄色。叶片小而薄，叶脉由黄绿色变为深紫色，主茎变硬呈深紫色，蕾、花变为浅黄色，很容易脱落，西红柿果穗少且小。

主要防治方法：首先追施速效氮肥或者用0.2%～0.3%尿素水进行叶面喷施；还可以施入腐烂的人粪尿追在植株的四周。结合喷施尿素还可加些植物生长调节剂，如云大120等，增强抗逆能力。

192. 保护地西红柿缺磷有什么症状？如何防治？

西红柿苗期缺磷时，叶片呈淡紫红色，而且叶脉上最初出现部分浅紫色的小斑点，随后逐渐扩展到整个叶片，叶脉、叶柄也会发展为紫红色，主茎细长，叶片窄小，后期叶片有时出现卷曲，推迟果实的上市时间。

主要防治方法：喷施生长调节剂芸薹素内脂1 000～2 000倍液；喷施复合型磷酸二氢钾0.2%～0.3%的水溶液；也可两者加在一起混喷，效果更佳。另外还可喷施速溶性磷肥液。

193. 保护地西红柿缺钾有什么症状？如何防治？

西红柿缺钾时，首先从茎基部叶片边缘开始由绿变黄，逐渐变为褐色，变脆易折，茎变硬并木质化，主茎不再增粗，根系发育缓慢，果实畸形，味道不佳。

主要防治方法：

①在西红柿植株周围开沟，然后适当追些硫酸钾、草木灰等含钾的肥料，覆土后及时补水。

②喷施0.2%～0.3%的复合型磷酸二氢钾水溶液，也

可喷施 15%草木灰浸出液,或云大 120 乳剂 1 000～2 000 倍液喷雾。

☞ 194. 茄绵疫病有何症状?

茄绵疫病又称疫病,俗名"烂蛋"、"烂果子",高温多雨季节大量危害茄子果实,造成严重的损失。该病主要危害果实,尤其是植株下部的老熟茄果,也能危害叶、茎等部。病部初呈水浸状小斑,后逐渐扩大为黄褐色的凹陷斑,最后到整个果实发病。病部逐渐收缩,质地变软,表皮产生茂密的白色棉毛,内部果肉组织变褐色腐烂。叶片受侵后形成不整齐的水浸状斑点,病斑在湿润条件下扩展极快,边缘不清晰,具有明显的轮纹,并着生稀疏的白霉。干燥时病斑边缘明显,叶片易干枯破裂。花器受害后,呈水浸状褐色湿腐,可很快地扩展蔓延到茎杆上,致使幼嫩部变褐腐烂,潮湿时病部长出茂密的白霉。绵疫病除茄子外,还侵染番茄、南瓜、辣椒、黄瓜以及马铃薯等。

☞ 195. 茄绵疫病的发生和哪些因素有关?

茄绵疫病是由真菌侵染引起的病害,病菌在土内的病残组织中越冬,由雨水冲溅到靠近地面的茄果上,萌发入侵。在高温高湿条件下,病害的发展过程很快。在北方 7～8 月份的雨季为发病盛期。若在雨季来得早、降雨量大、天气闷热的年份或地区,则发病早而严重。田间一般在大雨后 2～3 天,出现大量烂果。地势低洼、排水不良以及土壤黏重而雨后易积水的田块均易于发病。植株过度密植而通风不良时,也有利于病害的发生蔓延。连作的地块比轮作者病情严重。品种间抗性差异明显,长茄比圆茄抗病,早熟品种比晚熟的抗病，白皮茄比紫皮茄抗病。

☞ 196. 如何防治茄绵疫病的危害？

(1)种植抗病品种

可选用较为抗病的品种进行种植，如北京九叶茄、绿茄、天津灯笼茄、安阳大红茄、兴城圆茄及通化的通选1号等。长茄比圆茄抗病，白皮茄比紫皮茄抗病。

(2)轮作

与茄科以外的作物轮作2年，重病区则应实行3年以上的轮作。

(3)加强栽培管理

选择地势较高地块种植，在低洼地要采用高垄栽培。实行宽行密植，适当整枝，及时打去下部老叶，增加田间的通风透光；搞好中耕除草，结果后适期追肥，中耕培土，增强植株抗病性。搞好田园卫生，及时清除病果与病叶，加以深埋或销毁，减少菌源。地面铺草或在行间铺盖黑色塑料布，可以防止病菌的飞溅传播，还有提高早期地温和防止杂草生长的作用。雨后及时排水和采收，可以减少田间损失。

(4)药剂防治

幼苗期或发病初期喷50%瑞毒霉可湿性粉剂800～1 000倍液、80%代森锰锌可湿性粉剂600倍液或50%甲基托布津可湿性粉剂1 000倍液。根据病情，每隔7～10天喷药1次，连续3～4次。

☞ 197. 茄子褐纹病有什么主要症状？

茄子褐纹病是茄子的最主要病害之一，又称为褐腐病、干腐病，茄子从苗期到成株期的地上各个部位均可受害，但以果实被害为主。幼苗受害后，在近地面的茎基部发生变色凹陷斑，不久便猝倒死亡。成株期受害后，下部叶先发病，逐步向上发展。叶斑初呈水渍状，后逐渐变为褐色近圆形斑，病斑边缘清晰，中央色浅，后期病斑扩大并互相愈合成片，其上产生呈轮纹状排列的黑色小点。病部组织变薄变脆，易破裂并脱落成穿孔。茎部病斑多发生于节部，出现中心灰白色、边缘较深且略凹陷的溃疡斑，上生有黑色小点。后期病部皮层脱落而露出木质部。如茎基发病时，遇大风易折断。果实上的病斑初呈淡黄色的凹陷斑，后逐渐扩大至整个果实，尤以幼果受害较重，病部有呈轮纹状分布的黑色小点。最后，病果腐烂脱落或残留在枝干上缩成僵果。

☞ 198. 茄子褐纹病的发生和哪些因素有关?

茄子褐纹病是由真菌侵染引起的病害，病菌在土表的病残体上或在种子内外越冬。种子带菌是造成幼苗猝倒和病害远距离传播的主要原因。土壤中的病菌常常引致植株茎杆基部溃疡。病苗及茎基溃疡往往成为当年田间病害扩大危害的发病中心，经过反复多次再侵染，造成叶片、茎杆上部以及果实的大量发病。病菌在田间的传播主要通过风雨、昆虫以及人工操作(如摘果、整枝等)。在潮湿条件下病菌可大量产生孢子，孢子萌发后可直接侵入植物，也能通过伤口侵染。果实受害往往先从萼片开始，病菌很少直接从光滑且多角质的果皮上侵入。诱发此病的最适气候条件是高温(28～30℃)和高湿(相对湿度80%以上)。降雨的早晚和多少，便成为褐纹病能否流行的决定性因素。地势低洼、排水不良、栽植过密、过迟或施用氮肥过多，也可促进病害的发生。连作比轮作发病早而且严重，邻近重病地的田块发病重。不同品种间具有抗病性差异，一般长茄类较圆茄类抗病；白皮茄、绿皮茄较紫皮茄、黑皮茄抗病。

☞ 199. 如何防治茄子褐纹病？

(1)选用抗病品种

不同品种间具有抗病性差异，一般长茄类较圆茄类抗病；白皮茄、绿皮茄较紫皮茄、黑皮茄抗病。较抗病的品种有北京线茄、白荷色茄、吉林羊角、铜川牛角茄、吉林白、盖县紫水、旅大紫长茄、科选1号(长春)。

(2)选用无病种子及种子处理

注意挑选无病、生长健壮及园艺性状优良的植株作为种株。对可能带菌的种子进行消毒处理。可选用温汤浸种的方法，先将种子在冷水中预浸3～4 h，然后在55℃温水中处理15 min，或在50℃温水中浸泡30 min，取出后立即用冷水冷却、催芽、播种。或是采用药液浸种消毒的方法，0.1%升汞溶液中浸种5 min，或在300倍福尔马林溶液中浸种15 min，或10%“401”抗菌剂1 000倍液浸种30 min，药液浸种后需用清水充分漂洗，再晾干备用。

(3)加强栽培管理

及时清除病叶、病果及病株，深埋或烧毁。避免连作，重病地区可实行3年轮作。苗床上最好选用无病田的净土。合理密植，实行宽行密植，增加植株间的通风透光，降低株间湿度，做好肥水管理，施足底肥，注意氮、磷、钾的合理配合；灌水应结合天气及植株需水情况进行，小水勤灌，雨季要及时排水。

(4)药剂防治

幼苗期或发病初期喷80%代森锰锌可湿性粉剂600

倍液或1∶1∶200波尔多液，根据病情，每隔7～10天喷药1次，连续3～4次。

200. 茄子黄萎病有什么主要症状？是如何发生的？防治方法有哪些？

茄子黄萎病一般在坐果后开始表现症状，为全株性病害，自下而上向全株发展。叶片初在叶缘及叶脉间变黄，后发展至半边叶片或整片叶变黄，后期病叶变黄变褐，萎蔫下垂以至脱落，严重时全株叶片脱光仅剩茎杆。剖检病株根、茎等部，可见维管束变褐，挤捏横切面，无浑浊液渗出，可以与青枯病区别。

茄子黄萎病是由真菌引起的病害，病菌核随病残体在土壤中越冬，成为翌年的初侵染源。土壤中病菌可存活6～8年，借风雨、流水或人畜活动传到无病田。翌年病菌从根部伤口或直接从幼根表皮及根毛侵入，后在维管束内繁殖，并扩展到枝叶，该病在当年不再传染。一般气温低，定植时根部伤口愈合慢，利于病菌从伤口侵入；从茄子定植到开花期如遇气候冷凉，且持续时间长，发病早而重；地势低洼、施用未腐熟的有机肥、灌水不当及连作地发病重。

主要防治方法：

①选用中抗品种。如选用丰研1号、海茄、长茄1号、齐杂茄2号、沈茄2号、龙杂茄2号等抗病品种。

②嫁接防病。用野茄2号、苏茄1号、托落巴姆、野生水茄、毒茄或红茄作砧木，栽培茄作接穗，采用劈接或插接法嫁接。

③种子处理。播种前用0.2%的50%多菌灵可湿性粉

剂浸种 1 h,或 55℃温水浸种 15 h,移入冷水中冷却后催芽播种。

④轮作。与非茄科作物实行 4 年以上轮作,如与葱蒜类轮作效果较好,尤其与水稻轮作 1 年即可奏效。

⑤适时定植。10 cm 深处地温 15℃以上开始定植,最好铺光解地膜,避免用过冷井水浇灌;选择晴天合理灌溉,注意提高地温,茄子生长期间宜勤浇小水,保持地面湿润。

⑥药剂防治。苗期或定植前期喷 50%多菌灵可湿性粉剂 600～700 倍液。定植田每 667 m^2 用 50%多菌灵 2 kg 进行土壤消毒。发病初期以 70%甲基硫菌灵可湿性粉剂、50%多菌灵可湿性粉剂灌根,每株灌对好的药液 0.5 L。隔 10 天 1 次,连续 2～3 次。

☞ 201. 茄子早疫病有什么主要症状?是如何发生的?防治方法有哪些?

茄子早疫病主要危害叶片。病斑近圆形,具同心轮纹,边缘褐色,中部灰白色,潮湿时,病部长出灰黑色霉状物。后期病斑中部脆裂,严重时引起早期叶片脱落。该病是由真菌引起的,病菌以菌丝体在病残体内或潜伏在种皮下越冬。发生早的在育苗期始见,成株期也可发病。

主要防治方法:

①清除病残体,实行 3 年以上轮作。

②种子消毒,用 52℃温水浸种 30 min,或 55℃温水浸 15 min 后,冷水冷却,催芽播种。

③发病初期喷洒 80%喷克可湿性粉剂、58%甲霜灵锰锌可湿性粉剂 500 倍液、64%杀毒矾可湿性粉剂 400～500

倍液或70%代森锰锌可湿性粉剂400倍液，隔7～10天1次，连续2～3次。

202. 茄子细菌性叶斑病有什么主要症状？发病条件及其主要防治方法是什么？

茄子细菌性叶斑病是近年来在保护地发病较为普遍的一种病害，危害面积大，受害严重，主要危害是侵染叶片，严重时危害花、蕾。叶片从苗期到成株期均可感病，多始于生长点幼叶的叶尖和叶缘，发病中期自上而下扩展。发病初期，叶尖呈三角形或半圆形，水渍状且卷曲，严重时2/3叶片干枯。花蕾感病多在萼片上产生灰色斑，以后扩展到花器和花梗上，直到花蕾干枯。成株发病叶片从外向内出现淡黄色病斑，严重时干枯脱落，严重影响产量。

发病条件：病菌主要从水孔和伤口侵入，土壤带菌。当棚温长时间处于17～23℃低温、空气相对湿度达85%以上时极易发病。

主要防治方法：

①与非茄科蔬菜作物实行3年以上轮作，并采用热水烫种的方法处理种子，然后用10%的磷酸三钠药液浸种20 min进行杀菌。

②精选无菌良种，并进行消毒。

③对大棚和土壤进行消毒杀菌，收获后每标准棚用硫磺粉2 kg，80%敌敌畏300 g，点燃、增温、闷棚7～10天。

④实行全方位地膜覆盖，防止浇水量过大，应及时通风排湿。

⑤药剂防治。发病初期可用77%可杀得可湿性微粒

粉剂 50 倍液，或 47%加瑞农可湿性粉剂 800～1 000 倍液，或 72%的农用硫酸链霉素可湿性粉剂 4 000 倍液，或 64%杀毒矾可湿性粉剂 400～500 倍液与农用链霉素混合使用。每隔 7～10 天喷 1 次，连续 2～3 次。

203. 辣椒（甜椒）疫病有什么主要症状？是如何发生的？如何防治？

辣椒（甜椒）苗期、成株期均可受疫病危害，茎、叶和果实都能发病。苗期受害后，茎基部呈暗绿色水浸状软腐，幼苗猝倒或枯萎而死；叶片受害后，病斑近圆形，中央暗褐色；果实受害后，开始在蒂部产生暗绿色水浸状斑，迅速变褐软腐，潮湿时表面长出白色霉层，干燥后形成暗褐色僵果，残留在枝上；茎和枝受害，病斑初为水浸状，后出现环绕表皮扩展的褐色条斑，病部以上枝叶迅速凋萎。

辣椒（甜椒）疫病是由真菌引起的病害，病菌主要在病残体上越冬，病菌经雨水飞溅或灌溉水传到茎基部或近地面果实上，引起发病，在田间可以借雨水传播重复侵染。雨后天气突然转晴，气温急剧上升，病害易流行。易积水的菜地，定植过密，通风透光不良发病重。

主要防治方法：

①选用早熟避病或抗病品种。如选用麻辣、早杂 2 号、中椒 6 号、湘研 3 号、都椒 1 号细线椒等抗病品种。

②加强田间管理。前茬收获后及时清洁田园，耕翻土地，采用菜粮或菜豆轮作，垄作或坡地种植。培育适龄壮苗，适度蹲苗，定植苗龄以 80 天左右为宜，株高 15～20 cm，茎粗 0.2 cm，80%现蕾。蹲苗后，加强肥水管理，提

高抗病力；暴雨后及时排水，严防田间或棚室湿度过高，合理施肥。

③药剂防治。发病前喷洒植株茎基部防止初侵染，田间发现中心病株后，及时用药，防止再侵染。喷洒和浇灌50%甲霜铜可湿性粉剂 800 倍液、72.2%普力克水剂 600～800 倍液。夏季高温雨季浇水前每 667 m^2 撒 96%以上的硫酸铜 3 kg，后浇水，防效明显。棚室保护地选用烟熏法，用 45%百菌清烟雾剂，每 667 m^2 次 250～300 g，隔 9 天左右 1 次，连续 2～3 次。

204. 辣椒（甜椒）炭疽病有什么主要症状？是如何发生的？如何防治？

辣椒（甜椒）炭疽病主要危害果实，叶片、果梗也可受害。果实发病，初现水浸状黄褐色圆斑，中央灰褐色，有隆起的同心轮纹，由许多黑色或橙红色小点组成。潮湿时，病斑表面溢出红色黏稠物，果实受害后，内部组织半软腐，易干缩破裂。叶片受害后，初为褪绿色水浸状斑点，后为褐色近圆形斑，中间淡灰色，上面轮生小点。果梗受害后产生褐色凹陷不规则病斑，干燥时易开裂。

辣椒（甜椒）炭疽病是由真菌引起的病害。病菌主要在地上、种子里或在种皮表面越冬。越冬后的病菌借雨水或风传播蔓延，多从植株伤口侵入，发病后进行重复侵染。高温多雨、排水不良、种植密度过大、施肥不当都会加重此病的发生和流行。

主要防治方法：

①种植抗病品种，甜椒如长丰、茄椒、1 号、蒙椒 3 号，皖椒 1 号；辣椒如早杂 2 号，湘研 4 号、5 号等较抗病。

②无病留种或种子用55℃温水浸30 min后，冷水冷却，晾干播种。也可先将种子在冷水中预浸10～12 h，再用1%硫酸铜浸种5 min，或50%多菌灵可湿性粉剂500倍，浸种1 h。

③发病严重的地块实行与瓜、豆类蔬菜轮作2～3年。

④加强田间管理。培育适龄壮苗，避免栽植过密，合理施肥，避免在低洼湿地定植，注意排水。

⑤发病初期开始喷洒70%甲基硫菌灵可湿性粉剂600～800倍液、50%苯菌灵可湿性粉剂1 400～1 500倍液或75%百菌清可湿性粉剂800倍液加70%甲基硫菌灵可湿性粉剂800倍液混合喷洒，隔7～10天1次，连续2～3次。

205. 辣椒(甜椒)疮痂病有什么主要症状？是如何发生的？如何防治？

辣椒(甜椒)疮痂病主要危害叶片、茎蔓和果实。叶片受害后初期产生黑绿色不整齐的水浸状斑点，有时出现轮纹，病部不规则形隆起，呈疮痂状，多时可融合成较大斑点，引起叶片脱落；茎蔓受害后，病斑呈不规则斑块，后木栓化，或纵裂为疮痂状；果实受害后，出现圆形病斑，稍隆起，墨绿色，后期木栓化。

辣椒(甜椒)疮痂病是由细菌引起的病害。病原细菌在种子上越冬，成为初侵染源。该菌与寄主叶片接触后从气孔侵入，在细胞间隙繁殖，致表皮组织增厚形成疮痂状，病痂上溢出的菌脓借雨滴飞溅或昆虫传播蔓延。此病易在高温多雨的七八月份雨后发生，暴风雨后容易流行，潜育期3～5天。

主要防治方法：

①选用抗病品种，如甜椒的早丰1号、长奉；辣椒的湘研3号、5号、6号等。

②选用无病种子或种子消毒。从无病株或无病果上选留生产用种。或者用52℃温水浸种30 min后移入冷水中冷却再催芽。

③实行2～3年轮作。

④发病初期开始喷洒新植霉素4 000～5 000倍液或1∶1∶200波尔多液，隔7～10天1次，防2～3次。

206. 辣椒（甜椒）软腐病有什么主要症状？是如何发生的？如何防治？

辣椒（甜椒）软腐病主要危害果实。病果初期产生水浸状暗绿色斑，后变褐色软腐，有恶臭味，果皮变白，内部果肉腐烂，果实失水后干缩挂在枝蔓上，易脱落。

该病是由细菌引起的，除侵染茄科蔬菜外，还可侵染十字花科蔬菜及葱类、芹菜、胡萝卜、莴苣等，病菌随病残体在土壤中越冬，在田间通过灌溉水或雨水飞溅从伤口侵入，植株发病后病菌通过烟青虫及风雨传播，使病害在田间蔓延。田间低洼易涝，钻蛀性害虫多或连阴雨天气多、湿度大易流行。

主要防治方法：

①轮作。与非茄科蔬菜或十字花科蔬菜实行2年以上轮作。

②栽培管理。及时清洁田园，摘除病果带出田外烧毁或深埋。培育壮苗，适时定植，合理密植。及时排水，保护地栽培要加强放风，防止棚内湿度过高。

③药剂防治。及时喷洒杀虫剂防治烟青虫等蛀果害虫。雨前雨后及时喷洒72%农用硫酸链霉素可溶性粉剂4 000倍液，或新植霉素4 000倍液等。

☞ 207. 辣椒病毒病有哪些典型症状？如何做好辣椒病毒病的防治工作？

辣椒病毒病以花叶型症状为主。病株整株褪绿，上部叶片呈现花叶或畸形，同时产生枝叶增多、叶片变小的丛生症状。有些病株产生条斑型症状，上部叶片出现明脉及褪绿斑点，叶脉呈褐色坏死，并沿叶柄扩散至茎杆而成坏死条斑；最后顶芽枯死，下部叶腋又抽出新芽。

主要防治方法：

①选用抗病品种。一般早熟有辣味的品种较抗病，各地应根据当地的病害发生情况，选用较为抗病的品种。

②种子处理。播种前用10%磷酸三钠溶液浸种20～30 min，用清水洗净后，催芽播种。

③加强栽培管理。选择地势高的沙壤土地种植，尽量避免与茄科作物连作。合理密植，及时清除田边杂草，合理灌溉。及早消灭蚜虫，要注意避免人为田间农事操作传病，接触过病株的手要用肥皂或10%磷酸三钠消毒。

④药剂防治。定植后以20%病毒灵、1.5%植病灵、20%病毒A等喷雾，隔7～10天喷1次，连喷2～3次。

☞ 208. 如何防治茄科蔬菜白绢病？

大棚茄子、辣椒在棚室环境条件下易发生白绢病，茄子和辣椒，初期感病在茎基部，为淡褐色病斑，后变深色或腐烂，表面长出白色绢状霉层，后期有栗褐色菜籽状的菌核。

菌核在土壤中越冬，多雨季节露地栽培发生严重。棚室栽培，因湿度超过 85%，易发生。

主要防治方法：

①轮作及土壤消毒。实行 3 年轮作制，每 667 m^2 施入 50～100 kg 消石灰，调整土壤酸碱度为中性或微碱性。

②加强田间管理，拔除病株，携带田外烧毁。

③药剂防治。发病时在植株基部及四周撒五氯硝基苯药土，药土用 70%五氯硝基苯 0.5 kg，拌湿细土 15～25 kg，每 667 m^2 用五氯硝基苯 1.0～1.5 kg，15 天 1 次。也可用 50%代森铵 800～1 000 倍液，25%三唑酮（粉锈宁）可湿性粉剂 2 000 倍液灌根。同时，可配合喷施"云大 120"，每 667 m^2 用 20 mL，对水 50 kg，抗病效果更好。

209. 马铃薯块茎黑心病有什么危害症状？是由什么引起的？如何预防？

马铃薯块茎黑心病通常在块茎中心部出现由黑色至蓝色的不规则花纹，缺氧严重时整个块茎都可能变黑，病组织与健康组织边界较明显。原因是块茎内部缺氧所引起的。在贮藏窖密封严实或薯堆过大时，都会由于内部供氧不足而发生此病。黑心病的出现还与温度有关。一般来说，在较低的温度下，症状发展较慢。然而在 0～2.5℃又比在 5℃下发展快。另外在 36～40℃和 0℃的极端温度下，也都极易出现黑心病。其主要原因是因为氧气不易迅速地通过组织进行扩散。预防主要是注意贮藏期间保持薯堆良好的通气性，并保持适宜的贮藏温度。

☞ 210. 马铃薯块茎空心病有什么危害症状？是由什么引起的？如何预防？

马铃薯块茎空心病多发生于块茎的髓部，外部无任何症状。一般大块茎易出现空心现象。空心多呈星形放射状或扁口形，有时几个空洞连接起来。洞壁呈白色或棕褐色。在出现空心之前，其组织呈水浸状或透明状。内部组织张力增大而引起开裂，原因是其中有些物质被转移或被其他部位所吸收。块茎膨大速度过快是产生空心的基本原因。在块茎膨大期间肥水大，使块茎急剧增大，大量吸收水分，淀粉再转化为糖，造成块茎大而干物质少，因而增加了张力而引起空心。块茎膨大前期土壤干旱，后期突然浇水或降雨，也容易引起空心。钾肥施用不足也容易发生空心现象。预防主要是在块茎膨大期保持适宜的土壤湿度，并要合理密植，增施钾肥，注意培土。

☞ 211. 马铃薯块茎裂口病有什么危害症状？是由什么引起的？如何预防？

马铃薯收获时常常可看见有的块茎表面有一条或数条纵向裂痕，表面被愈合的周皮组织覆盖，这就是块茎裂口。裂口的宽窄长短不一。它是在块茎迅速生长阶段，由于内部压力超过表皮的承受能力而产生了裂缝，随着块茎的膨大，裂缝逐渐加宽。有时裂缝逐渐“长平”，收获时只见到“痕迹”。主要原因是土壤忽干忽湿，根茎在干旱时形成周皮，膨大速度慢，潮湿时植株吸水多，块茎膨大快而使周皮破裂。此外，膨大期土壤肥水偏大也易引起薯块外皮产生裂痕。预防主要是增施有机肥，保证土壤始终肥力均匀；同时要适时浇水，在块茎膨大期保证土壤有适宜的含水量，避免土壤干旱；还要保持土壤透气性好。

212. 马铃薯块茎畸形病有什么危害症状？是由什么引起的？如何预防？

畸形块茎多是由于块茎发生两次膨大而形成的。畸形的类型有肿瘤块茎，即在块茎的芽眼部位凸出，形成瘤状小薯；哑铃形块茎，即在靠近块茎顶部形成“细脖”；次生块茎，即在块茎上再形成块茎；在块茎上产生新的枝叶；链状二次生长，即块茎上长出匍匐茎再形成块茎。产生二次生长的主要原因是高温、干旱与高湿交替出现等。凡是能引起块茎不能正常发育的外界条件，都能引起块茎产生畸形。品种不同，因二次生长引起的畸形表现也不同。有的品种易出现哑铃形，有的易出现肿瘤形。在块茎生长期，由于高温干旱使块茎停止生长，甚至造成芽眼休眠。随后由于降雨或浇水，又恢复了适宜块茎生长的条件。但由于块茎已停止生长形成周皮，因而新吸收的养分就运到能够继续生长的部位，引起畸形生长。这些部位主要是芽眼、块茎顶端等处。预防主要是保持适宜的块茎膨大条件，即增施有机肥，以增加土壤肥力；适当深耕，注意中耕，保持土壤良好的透气性；注意浇水。

（二）主要虫害及其防治

213. 茄子裂果是怎么回事？怎样防治？

茄子裂果实际上是茶黄螨危害形成的。茶黄螨体形很小，肉眼难以发现，成螨和幼螨集中在幼嫩部分刺吸取食，危害性很大，可危害茄科、豆科、瓜类等多种蔬菜。茄子早期受害后，上部叶片僵直，叶背呈灰褐色或黄褐色，油渍状，叶片边缘向下卷曲。受害嫩茎、嫩枝变黄色，扭曲畸形，严重者植株顶部干枯；蕾期受害，影响正常开花，茎部、果柄、萼片及果实变为褐色或黄褐色；幼果受害，脐部变黄，果皮龟裂，种子外露。辣椒受害严重的落叶、落花、落果，造成大幅度减产。受害番茄，叶片变窄，僵硬直立，皱缩或扭曲畸形，最后成秃头。

在热带及温室内，茶黄螨整年均可发生。以雌成螨在田间杂草和寄主根部、枯枝落叶或土壤缝隙中越冬。卵多散产于嫩叶背面和果实凹陷处。该虫螨趋嫩性强，因而幼嫩部位受害较重。温暖多湿的环境条件有利于螨害的发生。在田间主要靠风传播，也可爬行扩散危害。

主要防治方法：

①清除枯枝落叶及田间杂草，以减少越冬害螨。

②在茄子、辣椒初花期，每 667 m^2 用 73%克螨特乳油 30～50 mL，或 20%灭扫利乳油 20～30 mL，或 5%卡死克可分散液剂 25～50 mL 对水喷雾，或 1.8%阿维菌素乳油 33～50 mL，重点喷植株上部嫩叶背面、嫩茎和幼果。隔 10～14 天喷 1 次，连喷 3 次。

☞ 214. 茄果类蔬菜上常见的叶螨是哪种？怎样防治？

茄果类蔬菜常见的叶螨是朱砂叶螨，又称红蜘蛛。该虫主要危害茄子、辣椒以及瓜类，以成螨、幼螨和若螨主要群聚在叶背吸食汁液，初期叶面出现零星褪绿小斑点，逐渐变成灰白色，危害猖獗时，叶片枯焦，形如火烧状，造成早期落叶和植株早衰。该虫也可危害果实，受害果实果皮灰色，粗糙，呈干瘪状，品质变劣。受害植物结果期短，严重影响产量和质量。

该虫每年发生10～20代。在北方，多以雌成螨在杂草及土缝处越冬，在南方，则可以以卵、成螨、若螨、幼螨等各种虫态在冬种寄主或杂草上越冬。卵多产于叶背。可两性生殖，也可孤雌生殖。高温低湿有利于朱砂叶螨的发生，降雨会抑制螨的发生，尤其是暴雨之后螨量会有较大幅度的下降。环境条件对螨的发生量也有较大的影响，邻近棉花、豆科作物及玉米的菜田螨害较重，田边、田内杂草多的田块螨的危害也较重。

主要防治方法：

①清除田边、路边、水沟的杂草及枯枝落叶，消灭越冬虫源。天气干旱时，应注意灌溉，增加菜田湿度。

②利用天敌防治。朱砂叶螨的天敌有拟长毛钝绥螨、瓢虫、草蛉、六点蓟马、小花蝽等，可在朱砂叶螨发生密度较低时，按叶螨与捕食螨的比例为3∶1释放拟长毛钝绥螨，从6月中旬开始，隔10天放1次，共释放2～3次。

③在叶螨发生初期进行化学防治，方法同茶黄螨防治。

215. 危害番茄、辣椒蕾、花、果的害虫是什么？怎样防治？

危害番茄、辣椒蕾、花、果的害虫主要是棉铃虫和烟青虫，其中番茄上以棉铃虫铃虫最为常见，辣椒上以烟青虫最为常见。

棉铃虫春季在番茄开花前即产卵于番茄上部嫩头、嫩叶上。番茄开花时即转向花器上产卵。在番茄第二个花序结果时幼虫开始危害。幼虫孵出后先取食卵壳，再就近危害嫩叶和幼蕾，蕾受害后，苞叶张开，变成黄绿色，2～3 天后脱落。幼虫 2～3 龄时吐丝下垂，随风摆动，转移到别的植株上，蛀食花、蕾和果实。幼果常被吃空或引起腐烂而脱落，成果虽然只被蛀食部分果肉，但因蛀孔在蒂部，雨水、病菌易侵入而引起腐烂、脱落，造成严重减产。一头幼虫可转移危害 3～5 个果实。

烟青虫成虫前期多产卵于辣椒叶片正面或外背面叶脉处。后期多在辣椒果面或花器上产卵。幼虫孵出后先吃掉卵壳，再取食附近的植株组织，3 龄后钻入果内取食果皮和胎座，被害果充满虫粪，很易腐烂。幼虫能转果危害，一生取食 3～5 个果实。

棉铃虫每年发生 3～7 代，以蛹在寄主根际附近土壤中越冬，卵散生于嫩叶、果柄等处。成虫昼伏夜出，有趋光性和趋化性。初孵幼虫先取食卵壳，然后危害嫩叶和嫩梢，2～3 龄幼虫危害花蕾和花，4～5 龄幼虫危害果实并有自相残杀的习性，老熟幼虫在土中筑土室化蛹。喜温喜湿，其繁殖力高低、生长速度快慢与温湿度关系密切。蜜源植物与雌虫产卵关系密切，成虫取食花蜜后寿命长，产卵历期长，产卵量增加。若在成虫期蜜源植物丰富，如十字花科留种蔬菜及瓜、豆、茄科蔬菜正值开花期间，成虫补充营养丰富，则发生危害更重。

烟青虫的习性与棉铃虫相似，只是发生稍晚于棉铃虫。

主要防治方法：

①结合冬季灌水或田间耕作进行灭蛹，结合整枝打杈可以除去部分虫卵。

②诱杀成虫。利用杨柳枝把或黑光灯等能诱杀成虫。

杨柳枝把诱杀成虫的方法是剪取 60～70 cm 长的杨柳带叶枝条，每 10 根 1 把，扎紧基部，再捆在小木桩上，插于田间，插的高度应稍高于蔬菜顶部，于黄昏插把，早晨露水未干时捕捉成虫。每 667 m^2 插 10～15 把，5～10 天换 1 次，每代诱虫 15～20 天。黑光灯诱虫的方法是每 3 hm^2 左右安装 40 W 黑光灯 1 盏。还可种植玉米诱集带，以减少蔬菜田的产卵量。

③用苏云金杆菌和赤眼蜂进行生物防治。在幼虫盛孵高峰期后几天内用苏云金杆菌（1 600 国际标准毒力单位）500 倍液喷雾，连续 2～3 次。也可以在卵期释放赤眼蜂，每 667 m^2 放蜂 1.5 万头，隔 3～5 天释放 1 次，连续 3～4 次。

④在卵孵化盛期至 2 龄盛期，每 667 m^2 用 20%灭扫利乳油 30～40 mL，或 2.5%功夫乳油 20～40 mL，或 5%氟铃脲乳油 25～50 mL，或 10.8%四溴菊酯乳油 10～18 mL，或 5%抑太保乳油 30～50 mL 对水喷雾，隔 6～7 天喷 1 次，连续 3～4 次。

☞ 216. 二十八星瓢虫有哪些发生危害特点？如何防治？

在茄子、马铃薯等蔬菜上发生危害的二十八星瓢虫有两种：茄二十八星瓢虫和马铃薯瓢虫，前者可适应高温高湿条件，各地均有发生，后者主要在北方和南方的高原山区发生。二者形态、习性极为相似，在北方还可混合发生。二者均以成虫和幼虫舔食叶肉，残留上表皮呈网状，严重时全叶食尽。此外，还舔食茄果表面，受害部位变硬，带有苦味，影响产量和质量。

茄二十八星瓢虫每年发生2～5代，以成虫群集在背风向阳的山洞、树洞、石头土块下、树皮裂缝或山坡半山坡土壤中越冬。成虫畏强光，喜栖息叶背，有假死性，卵成块产于叶背。幼虫畏强光，初孵时群集于叶背，取食叶肉，2～3龄后分散危害。老熟幼虫在叶背或茎基部化蛹。

马铃薯瓢虫又叫大二十八星瓢虫，一年发生1～2代。春季气温升高到15～16℃时开始至马铃薯收获均可见成虫危害并产卵繁殖。因世代重叠，实践上难以掌握明显的发生高峰，基本趋势是在马铃薯收获之前虫量不断增加。中后期控制虫量是防治该虫的关键。

主要防治方法：

①成虫产卵期人工摘除卵块。利用该虫的假死性，早晚拍打植株，收集坠落的成虫和幼虫。

②收获后，要及时处理马铃薯、茄子残株，消灭残株内的残留虫源。

③在成虫迁移或幼虫孵化盛期进行药剂防治，每667 m^2 用50%巴丹可溶性粉剂25～50 g，或5%抑太保乳油30～60 mL，或2.5%功夫乳油20～40 mL，或40%甲基辛硫磷乳油25～50 mL，对水喷雾防治。

☞ 217. 马铃薯块茎蛾是如何危害的？怎样防治？

马铃薯块茎蛾可严重危害马铃薯和烟草，南方局部有发生。以幼虫潜入叶内，沿叶脉蛀食叶肉，只留上下表皮，呈半透明状，严重时嫩茎、叶芽也被害枯死，幼苗可全株死亡。在田间或贮存期，可钻蛀马铃薯块茎，呈蜂窝状，甚至全部蛀空，外表皱缩，并引起腐烂。

该虫每年发生4～9代，世代重叠明显。以幼虫在库存薯块、田间残留母薯或茄、烟等植物茎内越冬。成虫昼伏夜出，具趋光性，飞翔能力较弱。卵产于薯块的芽眼、裂缝和凹陷处，或产在叶脉和茎基部有泥土的地方。幼虫共 4 龄，老熟后爬出潜道，在薯块、植株茎叶、土壤表面或墙壁缝隙处化蛹。耐高温能力强，抗寒力较弱。发生情况与地势也有关系，地势越高危害越轻。

主要防治方法：

①实行检疫制度，严禁从疫区调运薯块或未经烤制的烟叶。

②在贮藏前要进行仓库清洁，喷洒药物消灭墙壁缝隙处的害虫，用纱布封闭各门窗及风洞，防止成虫从外面飞进。种植要选用无虫种薯，避免与茄科作物连作或邻作。冬季翻耕灭茬，消灭越冬幼虫。

③在卵孵盛期至幼虫盛发期，每 667 m^2 用 50％巴丹可溶性粉剂 100～150 g，或 10％氯氰菊酯乳油 30～50 mL，或 20％氰戊菊酯乳油 20～40 mL，或 5％锐劲特悬浮剂 16～30 mL，对水喷雾防治。

☞ 218. 茄黄斑螟是如何危害茄子的？怎样防治？

茄黄斑螟是南方茄子的重要害虫，以幼虫危害蕾、花并蛀食嫩茎、嫩梢及果实，引起枝梢枯萎、落花、落果及果实腐烂。秋季多蛀食茄果，严重时，一个茄子内可有 3～5 头幼虫；夏季茄果虽受害轻，但花蕾、嫩梢受害重，可造成早期减产。

该虫每年发生 5～6 代，以老熟幼虫在茧内越冬。7～9 月份是危害盛期，尤其以 8 月中、下旬危害秋茄最重。成虫昼伏夜出，但趋光性不强。卵散产于植株上、中部嫩叶背面。老熟幼虫多在植株中、上部将绿叶重叠缀合，在其中化蛹，秋季则多在植株下部的枯枝落叶、杂草及土壤缝隙中化蛹。

主要防治方法：

①及时摘除被危害的嫩梢及茄果，消灭其内的幼虫；收获后及时处理残株，清洁田园，翻耕田土，以消灭越冬幼虫。

②在幼虫孵化盛期，每 667 m^2 用5%卡死克乳油 50～75 mL，或5%抑太保乳油 30～50 mL，或5%氟铃脲乳油 25～50 mL，或45%马拉硫磷乳油 85～120 mL，对水喷雾防治。

☞ 219. 茄果类蔬菜上发生的叶蝉主要是哪一种？如何防治？

茄果类蔬菜上发生的叶蝉主要是棉叶蝉，又叫浮尘子。该虫以成虫、若虫在叶背吸取汁液。叶受害后，先是叶片的尖端及边缘变黄色，并逐渐向叶片中部扩大，受害植株矮小，生长发育不良，影响产量。危害严重时，从叶尖端及边缘开始由黄色变红色，后期还会由红色变成焦黑色，最后叶片卷缩畸形，植株枯死。棉叶蝉除直接危害外，还可传播病毒病。

棉叶蝉每年发生 13～15 代，越冬虫态及场所尚不完全清楚。成虫畏光，白天栖息于植株中上部叶片背面，产卵于叶片的叶脉组织中，常以中脉组织内较多。1～2 龄若虫在孵化处取食危害，3 龄后转移到其他叶片危害。成虫和若虫遇惊扰有横走习性。在干旱缺水的情况下，发生严重。

主要防治方法：

①作物收获后及时清除田间植株残体，清理杂草，创造

不利于棉叶蝉生长发育的环境条件。

②在成虫迁飞期和若虫盛发期，每 667 m^2 用 20％叶蝉散乳油 50～62.5 mL，3％啶虫脒或莫比朗乳油 40～50 mL，对水喷雾防治。

220. 蔬菜田小地老虎的发生特点是什么？

小地老虎是一种迁飞性、暴食性害虫，亦是世界性害虫。随着市场经济的发展，种植业结构大幅度调整，蔬菜、特种经济作物面积逐年扩大，间隙性暴发的小地老虎在蔬菜上的发生和防治日趋严重，应引起人们的重视。

幼虫将蔬菜幼苗近地面的茎部咬断，使整株死亡，造成缺苗断垄，甚至毁种，除危害蔬菜外，春播棉花、玉米、高粱等大田作物，也是它的寄主。

由于小地老虎幼虫 3 龄期前，取食量极小，且在蔬菜和杂草的嫩心内取食叶肉，形成小孔或小缺刻，不易被发现。4 龄后进入暴食期，危害明显，咬断嫩茎造成春播蔬菜缺苗断垄，部分春季蔬菜如大棚刀豆、番茄、茄子以及露地芦笋等，由于植株组织较为老健，低龄幼虫一般先取食嫩幼杂草，进入高龄后才转移危害蔬菜，并能爬高择嫩而食，白天入土，夜晚取食。小地老虎喜温暖潮湿的条件，最适发育温度为 13～25℃，地势低洼，雨水多，土质疏松，保水强的壤土、黏壤土、沙壤土均适于其发生。早春菜田周缘杂草多，蜜源植物多发生也重。

221. 如何防治蔬菜田小地老虎？

针对小地老虎是一种迁飞性害虫，呈间歇性暴发，要切实做好预测预报工作，及时准确地确定其发生量和防治适期，防治上应针对蔬菜、特种经济作物种类及生育状况，采取“因地制宜、分类指导、综合治理”策略。

(1)农业防治

①除草灭虫。杂草是地老虎的产卵场所和初龄幼虫的重要食源，也是幼虫转移到作物危害的桥梁。春播前应精耕细耙，清除蔬菜地内杂草，可消灭部分虫卵。

②诱捕幼虫。可将泡桐叶或莴苣叶置于田内，清晨捕捉幼虫。当田间检查断苗率低于 1%，可采取人工捕杀，高于 1%时，宜采取毒饵、毒草诱杀。

③诱杀成虫。利用性诱剂或糖、醋、酒诱杀液诱杀成虫，既可作为简易测报手段，又可减少蛾量。蔬菜大棚宜在小地老虎成虫迁入期(2 月底)前覆膜，揭膜通风处，应在落日前封闭，以防成虫入棚产卵。

④肥料处理。在成虫产卵期，大棚施用的露天灰肥或覆盖用枯草，应沤制或喷药处理后再入棚，防止小地老虎卵随肥、草入棚。

⑤清洁菜园。及时清除蔬菜残株烂叶出田，减少其发酵物对成虫的诱集。

(2)化学防治

2 龄幼虫抗药力低，危害轻，多在植株嫩心危害，防治适期应掌握在 1、2 龄幼虫盛期(1、2 龄幼虫占 70%)，用喷雾或毒土法防治。3 龄后，田间断茎株率超过 1%时，可用毒饵或毒草诱杀，对蔬菜田应特别注意选择高效、低毒、低残留药剂，确保人的生命安全和身体健康。

①喷雾。蔬菜后茬春播蔬菜或其他作物田在挖翻前，用 90%晶体敌百虫或 50%辛硫磷 1 000～1 500 倍液，菊酯类农药 1 500 倍液喷雾，对所有蔬菜田，在 1、2 龄幼虫盛期全面用药喷雾防治。

②毒土。用菊酯类农药，配制成 50 mg/kg 毒砂；50%辛硫磷 0.5 kg 加水喷拌细土 50 kg，每 667 m^2 用 20 kg，顺行撒施于幼苗根际附近。

③毒饵或毒草。90%晶体敌百虫 0.5 kg，加水 2.5～5 kg，喷拌 50 kg 碾碎炒香的棉籽饼或麦麸；50%辛硫磷 50 mL，拌棉籽饼或麦麸 5 kg；毒草可用 0.25 kg 晶体敌百虫拌和铡碎的鲜草或蚕豆茎叶 30～50 kg，毒饵每 667 m^2 用 5 kg，毒草 15～20 kg，于傍晚撒在作物行间。

七、葫芦科(瓜类)蔬菜无公害生产病虫害防治

(一)主要病害及其防治

☞ 222. 黄瓜枯萎病是由什么引起的？有什么样的危害症状？是如何发生的？

黄瓜枯萎病是由真菌引起的，又称为镰刀菌枯萎病。在植株开花结果后发病，最初表现为部分叶片或植株的一侧叶片萎蔫下垂，似缺水状，但萎蔫叶早晚恢复，后萎蔫叶片不断增多，逐渐遍及全株，导致整株枯死。主蔓基部纵裂，纵切病茎可见维管束变褐。潮湿时，病部表面出现粉红色霉状物。苗期受害后，导致立枯或猝倒。

黄瓜镰刀菌枯萎病以种子带菌或在土壤和未腐熟的带菌有机肥中越冬，成为翌年初侵染源。播种带菌的种子，苗期即发病。病菌可以从根部伤口或根毛侵入，进入维管束，引起寄主中毒，使瓜叶迅速萎蔫。病菌从病茎向果梗蔓延到达果实，由果梗进入果实后随果实腐烂扩展到种子上，致种子带菌。病菌通过整枝或绑蔓引起的植物上的伤口侵入，引起田间植株的不断被侵染，受害逐渐加重。秧苗老化、连作、有机肥不腐熟、土壤过分干旱或质地黏重是引起该病发生的主要条件。

223. 黄瓜枯萎病的防治方法有哪些?

(1)选用抗病品种

黄瓜不同品种对枯萎病的抗性有明显差异。可根据不同情况选用,如长春密刺、津研 6 号、津杂 2 号、津早 3 号、西农 58 号、早青 2 号、龙杂黄 1 号、郑黄 2 号、湘黄瓜等抗病品种。

(2)轮作

选择 5 年以上未种过瓜类蔬菜的土地,与其他蔬菜实行轮作。

(3)科学育苗

选用无病土,并采用营养钵或塑料套分苗,便于培育壮苗,定植时不伤根,定植后缓苗快,增强寄主抗病性。

(4)嫁接防病

利用南瓜对枯萎病菌黄瓜的抗性,选择云南黑籽南瓜作砧木,采用靠接或插接法,进行嫁接后置于塑料棚中保温、保湿。

(5)加强栽培管理

施用充分腐熟肥料,减少伤口,小水勤浇,避免大水漫灌,适期中耕,提高土壤透气性,增强植株抗病力,结瓜期应分期施肥,切忌用未腐熟的肥料。

(6)药剂防治

苗床及土壤消毒,用 50%多菌灵可湿性粉剂混入细干土,拌匀后处理畦面或施于定植穴内。在发病前或发病初期,用 50%多菌灵可湿性粉剂 500 倍液,50%苯菌灵可湿性粉剂 1 500 倍液或 50%甲基托布津可湿性粉剂 400 倍液灌根，每株灌对好的药液0.3～0.5 L，隔10天1次，连续2～3次。

224. 黄瓜蔓枯病有什么主要症状？是如何发生的？如何防治？

黄瓜蔓枯病主要危害叶片和茎蔓，叶片受害后，产生近圆形黄褐色病斑，后期病斑易破碎，病斑上产生许多黑色小点。蔓上病斑椭圆形至梭形，白色，潮湿时，病部溢出树脂胶状物，后期病茎干缩纵裂呈乱麻状。

黄瓜蔓枯病是由真菌引起的病害，能侵染多种葫芦科植物引起发病。病菌在土中或在种子、架杆上越冬。翌年春天，通过风雨及灌溉水传播，从气孔、水孔或伤口侵入植株。种子带菌引致子叶染病。阴雨天及夜间露水大易发病，连作地、平畦栽培、排水不良、密度过大或肥料不足发病大。

主要防治方法：

①实行2～3年轮作。

②合理施肥，施充分腐熟的有机肥，增强植株抗病性。

③及时清除病株，深埋或烧毁。

④选用抗病品种或选用无病种子进行消毒。

⑤发病初期用75%百菌清可湿性粉剂600倍液，40%福星乳油8 000倍液或50%混杀硫悬浮剂600倍液喷雾，4天1次，连续2次。以后视病情变化决定是否用药。

225. 黄瓜霜霉病是由什么引起的？危害症状是什么样的？

黄瓜霜霉病是由真菌引起的，在苗期、成株期均可发病。该病主要侵害功能叶片，幼嫩叶片和老叶受害少。对于一株黄瓜，该病侵入是逐渐向上扩展的。子叶被害初呈褪绿色黄斑，扩大后变黄褐色。真叶染病，叶缘或叶背面出现水浸状病斑，病斑逐渐扩大，受叶脉限制呈多角形褐色斑块，湿度大时长出灰黑色霉层，后期病斑破裂，致叶缘卷缩干枯，严重的田块叶片大部分枯黄。不同抗病品种的症状有明显差异。感病品种如密刺类呈典型症状，病斑大，易连成大斑后迅速干枯；抗病品种病斑小，扩展速度慢，病斑背面霉稀疏或很少，一般较前者迟落架7～12天。

226. 黄瓜霜霉病防治方法有哪些？

(1)选用抗病品种

露地可选用津研6号、7号，津早3号，中农8号、1101，京旭2号，夏青2号，鲁春26号，宁丰2号，冀菜2号，郑黄2号，露地2号，早丰1号等品种。保护地可选用津杂2号、4号，津春2号，碧春等。

(2)改进栽培技术

栽培无病苗，减少苗期染病。定植要选择地势高、平坦、易排水地块，采用地膜覆盖，降低棚内湿度，定植后结瓜前应控制浇水，并改在上午进行，以降低棚内湿度；适时中耕，提高地温，合理施肥，可提高植株抗病力。

(3)生态防治

主要是针对保护地栽培,通过控制棚室温湿度抑制发病。夜间利用低温限制病害。夜间气温达到10℃以上,日落后采用“破堂”通风加底风,通风面积为大棚面积的1/10左右,1～2 h。当夜间气温高于12℃时,即可整夜通风。最好在晴天早晨浇水,忌阴雨天浇水,要做到因时、因地看苗情及对水分需求,确定浇水量和间隔天数。浇水后马上关闭门窗,使棚温升到33℃,持续1 h,然后迅速放风排湿,3～4 h后,如棚温低于25℃,可再闭棚升温至33℃,1 h后放风,这样当天夜间叶面结露量及水膜面积减少2/3,可减少发病。采用滴灌或地膜覆盖浇暗水技术可以减少棚内结露持续时间。采用大小行定植,大行60～70 cm,供管理用,小行40 cm,且在其中留出15 cm瓦垄沟,小行上覆90 cm宽地膜,要求地膜紧贴小沟内地面,不宜有空间。浇水时,水走膜下,水渗下后膜又紧贴地面。

(4)药剂防治

①保护地选用烟雾法或粉尘法。在发病初期将45%百菌清烟剂在棚内放置4～5处,用香烟或卷烟等暗火点燃,闭棚熏过夜,隔7天熏1次,可单独使用,也可与粉尘法、喷雾法交替轮换使用。粉尘法于发病初期傍晚用喷粉器喷洒5%百菌清粉尘剂,隔9～11天1次。

②喷雾法。发现中心病株后以72.2%普力克水剂800倍液、75%百菌清可湿性粉剂600倍液或64%杀毒矾可湿性粉剂400倍液喷雾,隔7～10天1次。霜霉病、细菌性角斑病同时发生时,以47%加瑞农可湿性粉剂600倍液或50%DT可湿性粉剂500倍液加40%三乙膦

酸铝可湿性粉剂 250 倍液喷雾。田间霜霉病和白粉病混发时，可选用 40%三乙膦酸铝可湿性粉剂 200 倍液加 15%粉锈宁可湿性粉剂 2 000 倍液喷雾。霜霉病与炭疽病混发时，可选用 40%三乙膦酸铝可湿性粉剂 200 倍液加 25%多菌灵可湿性粉剂 400 倍液，或 25%多菌灵可湿性粉剂 400 倍液加 75%百菌清可湿性粉剂 600 倍液防治。

227. 黄瓜黑星病是如何发生的？危害症状是什么样的？

黄瓜黑星病是由真菌引起的病害，除危害黄瓜外，还侵染西葫芦、南瓜、甜瓜、冬瓜等。病菌在病残体内越冬，成为翌年初侵染源。黄瓜种子带菌以种皮为多，病菌主要从叶片、果实、茎蔓的表皮直接穿透，或从气孔和伤口侵入。棚内最低温度超过 10℃，棚顶及植株叶面结露，该病开始发生和流行。露地发生与降雨量和降雨日数多少有关。如降雨量大、次数多，田间湿度大及连续冷凉条件发病重。

该病可以危害植株的叶片、茎、卷须及果实，植株幼苗期及成株期均可受害。幼苗受害后，子叶上产生黄白色近圆形斑，后引致全叶干枯。嫩茎受害后，初期产生水渍状暗绿色梭形斑，后变暗色，凹陷龟裂，湿度大时长出灰黑色霉层。卷须受害后，变褐腐烂。生长点染病，形成秃桩。叶片受害后，初期产生污绿色近圆形斑点，后穿孔，孔的边缘不整齐有黄晕，叶柄、瓜蔓被害后，病部中间凹陷，形成疮痂状，表面生灰黑色霉层。果实受害后，产生暗绿色凹陷病斑，表面长出灰黑色霉层，致病部呈疮痂状，形成畸形瓜。

228. 如何防治黄瓜黑星病?

(1)选用抗病品种

如选用青杂1号、2号,津春1号,中农13号、11号、7号,白头霜,吉杂2号等抗病品种。

(2)选用无病种子或种子处理

要从无病棚、无病株上留种。以温汤或药剂浸种,55~60℃恒温浸种15 min,或以50%多菌灵可湿性粉剂500倍液浸种20 min后,清水冲净再催芽,或用0.3%的50%多菌灵可湿性粉剂拌种。

(3)加强栽培管理

定植后至结瓜期要控制浇水。保护地栽培,尽可能采用生态防治,注意温湿度管理,通过放风排湿,控制灌水降低棚内湿度,减少叶面结露,抑制病菌萌发和侵入,或覆盖地膜、采用滴灌等节水技术可减轻发病。

(4)轮作倒茬或棚室消毒

重病棚(田)应与非瓜类作物轮作。定植前10天将硫磺粉与锯末混合后分放数处,点燃后密闭大棚,熏1夜。或者用粉尘法或烟雾法熏蒸消毒,喷洒10%多百粉剂或施用45%百菌清烟剂,连续3~4次。

(5)药剂防治

发病初期以40%福星乳油8 000倍液、80%多菌灵可湿性粉剂600倍液、75%百菌清可湿性粉剂600倍液、50%苯菌灵可湿性粉剂1 500倍液或50%多菌灵可湿性粉剂800倍液加70%代森锰锌可湿性粉剂800倍液喷雾,隔7~10天1次,连续3~4次。

229. 黄瓜细菌性角斑病有什么主要症状？是如何发生的？

黄瓜细菌性角斑病主要危害叶片，也危害果实和茎蔓。叶片受害后，正面病斑呈淡褐色，背面受叶脉限制成多角形，初期呈水浸状，后期病部干枯脱落或穿孔。茎部受害后，病斑纵向扩展，呈短条状，湿度大时也见菌脓，严重的纵向开裂呈水浸状腐烂，变褐干枯，表层残留白痕。果实染病，出现水浸状小斑点，扩展后不规则或连片，病部溢出大量污白色菌脓，呈黄褐色水渍腐烂。

该病是由细菌引起的，除侵染黄瓜外，还侵染葫芦、西葫芦、丝瓜、甜瓜、西瓜等。病菌在种子内、外或随病残体在土壤中越冬，成为翌年初侵染源。病菌由叶片或瓜条伤口、自然孔口侵入，进入胚乳组织或胚幼根的外皮层，造成种子内带菌。采种时病瓜接触污染的种子可以导致种子外带菌。播种带菌种子后，出苗后子叶发病，病菌在细胞间繁殖，保护地黄瓜病部溢出的菌脓，借水滴飞溅传播蔓延，进行多次重复侵染。露地黄瓜蹲苗结束后，随雨季到来和田间浇水，开始发病，病菌靠气流或雨水逐渐扩展开来，一直延续到结瓜盛期，随气温下降，病情缓和。昼夜温差大，结露重且持续时间长，发病重。在田间浇水次日，叶背出现大量水浸状病斑或菌脓，条件合适，可很快引起该病发生和流行。

230. 黄瓜细菌性角斑病的防治方法有哪些?

(1)选用耐病品种

如选用津研 2 号、6 号,津早 3 号,中农 5 号,碧春,黑油条等抗病品种。

(2)选用无病种子或种子处理

瓜种用 70℃恒温干热灭菌 72 h,或 50℃温水浸种 20 h,捞出晾干后催芽播种,40%福尔马林 150 倍液浸 1.5 h,或硫酸链霉素浸种 2 h,冲洗干净后催芽播种。

(3)加强田间管理

无病土育苗,与非瓜类作物实行 2 年以上轮作,生长期及收获后清除病叶,及时深埋。保护地黄瓜重点抓好生态防治(见黄瓜霜霉病防治)。

(4)药剂防治

露地推广避雨栽培,保护地选用 5%百菌清粉尘剂开展预防性药剂防治,在发病初期以 14%络氨铜水剂 300 倍液,77%可杀得可湿性微粒粉剂 400 倍液,72%农用链霉素可溶性粉剂 4 000 倍液或 50%DT 可湿性粉剂 500 倍液喷雾,连续 3～4 次。

231. 贮藏、运输中的黄瓜炭疽病的防治方法有哪些?

黄瓜炭疽病是贮藏、运输中的主要病害,其防治方法是:

①贮藏的果实,必须严格挑选,带病的果实不能入窖。

②贮藏前,可用超微多菌灵可湿性粉剂 1 000～1 200

倍液，喷雾或浸沾，防病效果显著。

③在贮藏期间，将温度控制在 10～15℃之间，抑制炭疽病菌的蔓延与危害。

232. 黄瓜泡泡病的主要症状有哪些？是如何产生的？怎样防治？

黄瓜泡泡病是主要发生在大棚、温室里的一种生理性病害。发病初叶片产生 5 mm 左右的鼓泡，鼓泡多发生在叶片正面，背面极少发生。叶面凹凸不平，凹陷处呈白毯状，刮之无附生物。泡顶部初呈褪绿色，逐渐变黄，最后呈灰黄色。

此病主要是由于低温、光照少造成的。黄瓜生长前期温度低，光照不良，后天气突然转晴，温度上升快，浇大水；低温天气减少浇水等情况下易发生。此外也与品种抗性有关，对低温、光照少不适应的品种易发生此病。

主要防治方法：

①经常对棚室上的塑料膜、玻璃进行清尘。选择适应光照少的优良品种进行栽培，如“津杂 2 号”、“农大 1 号”。

②加强增温、保温措施。以防低温冷冻。

③合理灌水。阴天低温不应减少灌水，晴天升温避免浇大水。灌水应避免大起大落。一般灌水时间应选在晴天上午进行。

④加强栽培管理，以提高植株抗逆性。

⑤黄瓜定植时增施底肥，注重多种元素的配合，根据气温变化，适时保温、增温。及时防治病虫害。

233. 黄瓜缺氮素的主要症状有哪些？是如何产生的？怎样防治？

苗期缺氮，茎细小而较硬，叶色淡绿，生长缓慢；成长期缺氮，植株矮小，叶呈黄绿色，严重时叶呈浅黄色，全株呈黄白色，下部叶片老化，落叶早，茎细而脆；果实细短，呈亮黄色或灰绿色，多刺，果蒂呈浅黄色或果尖呈畸形。

产生原因有：

①氮肥不足，土壤有机质含量低。

②黄瓜喜硝态氮肥，所以当施用铵态氮肥过多时，易发生此症。这种现象在棚室栽培的黄瓜中较常见，特别是温度较低时。

③大雨后或积水造成氮素淋浴消失或产生脱硝作用。

主要防治方法：

①施足氮肥。苗期：苗床土肥的优劣，对黄瓜今后生长有显著影响，必须选择肥沃的土壤，一般是在草炭中混入20%的腐熟堆肥，按每立方米草炭及堆肥混合物中加0.1～1 kg 硝胺，1～1.5 kg 过磷酸钙，0.5～1 kg 碳酸钾，1 kg 石灰(调节草炭的酸性)配比填入苗床。基肥：可根据土壤有机质含量来确定，土壤有机质含量低于 4%，每 667 m^2 施腐熟有机堆肥 4 000 kg 左右；有机质含量在 4%左右，每 667 m^2 施有机堆肥 3 000 kg 左右(保护地可增加至每 667 m^2 施有机肥 6 000～7 000 kg)。其中一半表面撒施，一半施于定植沟内，同时将氮肥总量的 50%、磷肥总量的 90%、钾肥总量的 80%作基肥施入。定植后苗期追施 2～3 次速效氮肥，瓜藤上架前及盛果期各追肥 1 次，以后每收瓜 2～3 次后施肥 1 次，每 667 m^2 总追肥量一般用腐熟粪尿

2 500 kg，尿素 10～15 kg，过磷酸钙 15 kg，氯化钾 10 kg。

②黄瓜喜硝态氮肥，且不耐高土壤溶液浓度（一般不大于 0.05%），所以速效氮肥最好是硝态氮肥（特别是保护地栽培）。另外，为控制土壤溶液浓度过高，基肥（特别是未熟腐的有机肥）也要适当控制施用量，待追肥时再分期施用，以防“烧根”和“生理干旱”现象。由于大雨或水浸造成的吸收氮困难，要及时排水，棚室栽培要控制浇水量。

234. 黄瓜缺磷素的主要症状有哪些？是如何产生的？防治方法有哪些？

苗期缺磷，茎细长，叶片呈暗绿色，根系不发达，植株矮化，生长迟缓；生长期缺磷，幼叶细小僵硬，并呈深绿色，子叶和老叶出现大块水浸状斑，向幼叶蔓延，斑块逐渐变褐干枯，叶片凋萎。

造成缺磷的主要原因多数是因为磷肥不足或土壤固定磷的作用较强，导致可吸收磷不足造成的缺磷。

主要防治方法：

①施磷能促进幼苗生长和氮的吸收，促使胚轴粗壮和发育良好，提早花芽分化，促进发育，相对减少雄花数，增加早期产量。因此苗期特别是播种后 20～40 天，磷的作用格外明显；另外，黄瓜整个生长期不可缺磷（基肥和追肥中磷肥的用法见黄瓜缺氮素的防治方法）。

②对于固定作用强的土壤，施用磷肥时应接近种子或植株，必要时可采取叶面喷施过磷酸钙溶液的办法追施磷肥。

☞ 235. 黄瓜缺钾素的主要症状有哪些？是如何产生的？怎样进行防治？

苗期缺钾，叶呈暗青黑色，叶绿黄化，叶脉间有白斑，苗株生长不良；生长期缺钾植株矮化，节间短，叶片小，叶青铜色，叶绿渐变黄绿色，主脉下陷，后期脉间失绿严重，并向叶片中部扩展，随后叶片枯死。症状从植株基部向顶部发展，老叶受害较重，有时会产生"大肚瓜"。

主要产生原因：

①集约栽培钾肥不足。

②土壤溶液中铵、镁等阳离子含量过高导致土壤中可交换性钾含量不足引起的。另外，保护地栽培的黄瓜如用自来水浇灌导致的"氯中毒"也有相同症状，但多发生在幼叶上。

主要防治方法：

①钾能使植株营养生长和生殖生长平衡发展，全生育期都不可缺钾(钾的施用原则见黄瓜缺氮素的防治方法)。特别是生长盛期，一定不可缺钾。

②因土壤中阳离子浓度过高而引起的可代换性钾缺乏(主要是棚室栽培)，可以不施胺态氮肥，追肥要少量多次，降低土壤浓度。必要时可叶面追施速效钾肥。

☞ 236. 黄瓜缺钙素的主要症状有哪些？是如何产生的？防治方法有哪些？

幼叶叶缘和脉间呈现透明白色斑点，多数叶片脉间失绿，主脉尚可保持绿色；植株矮化，节间短，尤以顶部附近最为明显；幼叶小，并向上卷曲，逐渐从边缘向内干枯，严重缺钙时，叶柄脆，易脱落。

缺钙的原因一般不是土壤中钙的绝对缺乏，主要是由于下面一些因素：

①由铵、钾、镁等“阳离子拮抗作用”引起的钙吸收利用困难。

②土壤呈酸性，导致可代换性钙的缺乏。

主要防治方法：

①施用速效肥要体现少量多次的原则，或采用叶面施肥的办法，或追肥改用有机肥，特别是保护地栽培，防止因盐分聚积而导致土壤溶液浓度增高。对于经 EC 计测量已经发现土壤溶液浓度过高的地块，要通过洗盐、客土改良或轮作的方法解决。

②因土壤呈酸性而导致的缺钙症，可施用石灰使土壤 pH 值升到适宜黄瓜生长的范围。如已发生缺钙症，可叶面喷施 0.8%的氯化钙溶液，每公顷 1 000 L，1～3 次即可。

237. 黄瓜缺镁素的主要症状有哪些？是如何产生的？怎样进行防治？

在叶脉间失绿，并从叶边缘向内发展。缓慢缺镁时，基叶生长均正常；急剧缺镁时，失绿迅速发生，小侧脉也失绿，仅主脉为绿色。有时失绿区出现大块下陷斑，最后斑块坏死，叶片枯萎。症状由老叶向幼叶发展，最后全株黄化。

产生原因有：

①土壤中缺镁。

②土壤黏重或排水不良，造成吸收利用镁的困难。

主要防治方法：

①对于缺镁的地块，可根据植株需要量结合基肥施入。经常使用的镁肥主要有含镁9%～11%镁石灰，含镁16%的水镁矾，含镁3%的钾镁铁矾或碳酸镁晶体。如已发生缺镁症，可叶面喷施2%的碳酸镁溶液，每公顷500～1 000 L。

②黄瓜属浅根性植物，根的木栓化较早，再生能力弱，所以选用灌排条件好、疏松肥沃的沙壤土为宜，尽量不选用黏重的土壤。如已发生积水现象，要尽快排涝。

238. 黄瓜缺锰素的主要症状有哪些？是如何产生的？防治方法有哪些？

植株顶端及幼叶间失绿呈浅黄色斑纹，初期末梢仍保持绿色，显现明显的网状纹，并在脉间出现下陷坏死斑，老叶白化最重，并最先死亡，芽生长严重受抑，新叶细小。

造成缺锰是因为一般在偏碱性土壤中(pH值>6.5)，锰素多被固定，难以被植株吸收，所以产生缺锰症状。

主要防治方法：

①改善土壤或施用钙剂时，要尽量避免过多施用石灰，如果土壤呈中性，可改施石膏作为钙剂。此外，磷酸根的数量能影响锰的吸收利用，追施过磷酸钙能促进锰的吸收。

②如果已经发生缺锰症状，可喷施0.2%的碳酸锰溶液于叶面，2～3次。

239. 苦瓜斑点病有什么主要症状？是如何发生的？如何防治？

苦瓜斑点病主要危害叶片，叶片初期产生近圆形小褐色斑，后扩大为灰褐不定形斑，严重时病斑汇合，致叶片局部干枯。湿度大时，病斑上产生小黑点，病叶易破裂或穿孔。

该病是由真菌引起的，病菌随病残体遗落土中越冬，在南方温暖地区，周年都有苦瓜种植，病菌无明显的越冬期。分生孢子借雨水溅射辗转传播，多次再侵染，高温多湿的天气有利于本病发生，连作、低洼郁蔽、偏施氮肥发病重。

主要防治方法：

①在重病区避免连作，注意田间卫生和清沟排渍。

②合理施肥。避免偏施、过施氮肥，适当增施磷、钾肥，在生长期定期喷施植宝素或喷施宝等促进植株生长，提高抗病性，减轻危害。

③喷洒 70％甲基硫菌灵可湿性粉剂 800 倍液加 75％百菌清可湿性粉剂 800 倍液，或 40％多硫悬浮剂 500 倍液，可同时防治苦瓜炭疽病。

240. 苦瓜白斑病有什么主要症状？发病规律是怎样的？如何防治？

苦瓜白斑病是由一种叫苦瓜尾孢引起的真菌性病害。主要危害叶片，早期出现褪绿变黄的圆形小斑点，逐步扩展成近圆形或不规则形，直径 1～4 mm 的灰褐色至褐色病斑，边缘较明显。病斑中间灰白色，多角形或不规则状，上生稀疏浅黑色霉状物，在潮湿时易看见。常常易造成病斑穿孔。

该病以菌丝体或分生孢子在病残体上越冬，为翌年侵染源。通过气流或雨水传播到苦瓜叶片上侵染，引起发病。由病斑上产生的分生孢子继续传播发生侵染。高温多雨季节、缺乏有机肥、偏施化肥过多、土壤板结的瓜田发病较严重。

主要防治方法：

①要搞好田间清洁，清除销毁病残株，减少田间病源积累。

②要施足有机肥，改良土质，增强肥力，保证苦瓜根深株壮，提高抗病力。

③在苦瓜第一轮结瓜时及时追肥，保证营养生长和生殖生长同时获得足够营养，追施绿芬威、百施利或绿丰素等叶面肥补充必要的微量元素，并适当疏摘侧芽，保证新芽枝叶能够叶厚色绿。

④定期喷杀菌剂防病。可选用艾菌托或安美托(70%可湿性粉剂)800～1 000 倍液，新而蒲或发生灵(65%可湿性粉剂)400～500 倍液，百可宁或百菌清(40%悬浮剂)600～700 倍液，一般每 7～10 天喷 1 次，连续 2～3 次。

241. 丝瓜褐斑病是由什么引起的？危害症状是什么样的？如何防治？

丝瓜褐斑病是由真菌引起的，病菌在土中的病残体上越冬。借气流传播蔓延进行反复侵染。温暖高湿，偏施氮肥，或连作地发病重。

该病主要危害叶片，病斑为褐色不规则形，病斑边缘有时出现黄色晕圈，早晨日出或晚上日落时病斑上可见银灰色光泽。

主要防治方法：

①清洁田园，及时清除病叶。

②做好菜田开沟排水工作，防止积水。

③发病初期开始喷洒 40%甲霜铜可湿性粉剂 600～

700倍液、47%加瑞农可湿性粉剂600倍液、64%杀毒矾可湿性粉剂500倍液或36%甲基硫菌灵悬浮剂400～500倍液，隔10天左右1次，防治1～2次。

242. 丝瓜病毒病有什么主要症状？怎样防治？

幼嫩叶片呈深绿与浅绿相间的斑驳或褪绿小环斑，老叶上为黄绿相间的花叶或黄色环斑，叶脉抽缩使叶片畸形，缺刻加深，后期老叶产生枯死斑。瓜条染病变细小且呈螺旋状扭曲畸形，并有褪绿斑。据调查，其发病原因是品种感病，蚜虫严重危害传播病毒，播种期偏迟，栽培管理粗放以及预防不及时。

主要防治方法：

①选用抗病品种及种子处理。棒槌丝瓜及江蔬1号杂交种较蛇形丝瓜抗病毒病及霜霉病。播种前用60～62℃温水浸种10 min后，移入冷水中冷却，晾干后播种，或用10%磷酸三钠溶液浸种20 min后，用清水冲洗干净，催芽播种。

②适当早播或晚播。根据本地当年的气候情况调整播种期，或采用保护地设施栽培，将丝瓜的苗期避开蚜虫迁飞高峰期。

③加强管理。合理施肥，增施磷、钾肥，使植株健壮，增强耐病性。及时清除杂草，农事操作中注意病健株分开，在病株上操作后，用肥皂水洗手后，再在健株上操作。

④及时灭蚜。每667 m^2 用10%吡虫啉20 g对水50 kg喷雾。蚜虫多集中于叶背及嫩梢上，喷雾时务必做到细致周到。

⑤药剂防治病毒病。发病初期用20%病毒A 500倍

液，或 1.5%植病灵 1 000 倍液，或 83 增抗剂 100 倍液，或病毒清 400 倍液，或抗病威 800 倍液，喷雾防治，也可用病毒 K 3 000 倍液灌根。

243. 丝瓜霜霉病有什么主要症状？如何防治？

丝瓜霜霉病主要危害叶片。发病初期在叶片正面出现不规则的褐绿黄色斑，逐渐扩展成多角形黄褐色病斑，湿度大时病斑背面长出灰黑色霉层，后期病斑连片，整叶枯死。近期不少菜区丝瓜生产受霜霉病危害严重，造成病斑累累，瓜叶干枯，植株早衰，瓜条弯曲、瘦小、老化，产量和质量显著下降。

防治丝瓜霜霉病要选用抗病优良品种，用营养钵集中育好壮苗，整畦使排水良好，施足基肥，注意引蔓整枝，保证株间通风透气，更重要的是喷药要及时、对症下药。在发病前和发病初期，选用保护性药剂，如 75%达霜宁 600～800 倍液，百菌清或百可宁(40%悬浮剂)500～700 倍液；发病期应喷洒治疗(兼保护)性药剂，如杀毒霜净(64%可湿性粉剂)600～800 倍液，霜尽(55%可湿性粉剂)或霜露速净(72%可湿性粉剂)800～1 000 倍液。每隔 7～10 天喷 1 次，视病情连喷 3～5 次，注意叶面和叶背都均匀喷湿。

244. 西葫芦灰霉病是由什么引起的？有什么主要症状？

西葫芦灰霉病是由真菌引起的，病菌在土壤中越冬，在病残体上可存活 4～5 个月，成为初侵染源。此病在低温高湿(湿度高于 94%)、寄主衰弱情况下易发生。

西葫芦灰霉病主要危害西葫芦的花、幼果、叶、茎或较大的果实。花和幼果的蒂部初为水浸状，逐渐软化，表面密生灰绿色霉状物，导致果实腐烂，有时长出黑色菌核。还可以侵染黄瓜、番茄、茄子、菜豆、莴笋、辣椒等多种蔬菜。

245. 西葫芦灰霉病的防治方法有哪些？

(1)加强栽培管理

推广高畦覆地膜或滴灌栽培法，生长前期及发病后，适当控制浇水，苗期、果实膨大前1周及时摘除病叶、病花、病果及黄叶，保护地种植要保持棚内通风透光，适时晚放风，降低湿度，减少棚顶及叶面结露和叶缘吐水。

(2)药剂防治

棚室发病初期采用烟雾法或粉尘法，用10%速克灵烟剂或45%百菌清烟剂熏3～4 h，或者傍晚喷洒5%灭霉灵粉尘剂或5%百菌清粉尘剂，隔10天1次，连续2～3次。发病初期以50%速克灵可湿性粉剂2 000倍液，或50%扑海因可湿性粉剂1 000～1 500倍液喷雾，为防止产生抗药性提高防效，注意轮换交替或复配使用。

246. 西葫芦黑星病有什么主要症状？发病规律如何？

该病主要危害叶片、茎及果实。幼叶初现水渍状污点，后扩大为褐色或墨色斑，易穿孔；茎出现椭圆形或纵长凹陷黑斑，中部呈龟裂；幼果初生暗褐色凹陷斑，后发育受阻呈畸形果；果实病斑疮痂状，有的龟裂或烂成孔洞，病部分泌出半透明胶质物，后变琥珀块状。湿度大时，各病部表面密生煤色霉层。

该病菌主要以菌丝体或分生孢子随病残体遗落土中，

或以菌丝体潜伏种皮内及分生孢子黏附种子表面越冬。靠分生孢子进行初侵染和再侵染,借气流、雨水溅射传播,多从气孔侵入致病。气温在 20℃,相对湿度在 90%以上,或植株郁闭多湿的环境利于发病。

247. 西葫芦黑星病的防治方法有哪些?

①选用抗病品种。

②选留无病种子,做到从无病棚无病株上留种。

③加强栽培管理,保护地要注意温湿度管理,采用放风排湿、控制灌水来降低棚内湿度。白天控温 28～30℃,夜间 15℃,相对湿度低于 90%。

④用粉尘法或烟雾法于发病初期用喷粉器喷洒 5%防黑星病粉尘剂每 667 m^2 1 kg,或用 45%百菌清烟剂每 667 m^2 200 g,连续防治 3～4 次。

⑤棚室发病初期喷洒 50%多菌灵可湿性粉剂 800 倍液加 70%代森锰锌 800 倍液,每 667 m^2 喷药液 60～65 L,或用 40%福星乳油 8 000 倍液、2%武夷菌素水剂 150 倍液加 50%多菌灵可湿性粉剂 600 倍液喷雾。每隔 7～10 天喷 1 次,连续防治 3～4 次。

248. 西葫芦病毒病的防治方法有哪些?

(1)种子消毒

为消灭种子携带病毒,可用 10%磷酸三钠溶液浸种 20～30 min,或用 1%高锰酸钾溶液浸种 30 min,用清水冲洗干净后再催芽播种。

(2)实行轮作

西葫芦应实行 3～5 年轮作,以减少土壤中病毒的积累。

(3)培育壮苗

严把定植关，育苗须加强温度管理，严防幼苗疯长，培育壮苗，提高幼苗的抗逆性，移栽时，凡感染病毒的苗子一律淘汰，以免定植后成为病毒病的传染源，秋季栽培时为避免定植时伤根传染病毒病，可进行直接播种。

(4)消灭蚜虫

蚜虫是传染病毒病的重要媒介，病毒病的发生及其严重程度与蚜虫的发生有密切关系，及早防治蚜虫是防治病毒的是关键措施之一。可挂银灰膜驱避蚜虫，还可用2.5%的溴氰菊酯或连灭杀丁乳油2 000～3 000倍液、50%抗蚜威可湿性粉剂800～1 000倍液、10%氯氰菊酯乳油2 500倍液交替喷雾防治，连喷3～4次，间隔7～10天，有条件的地方还可用防虫网进行栽培。

(5)减少接触传毒

病毒病可通过植物伤口传毒，因此在栽培上应当加大行距，实行吊秧栽培，尽可能减少农事操作造成的伤口。农事操作应遵循先定植健株的原则。对早熟西葫芦不需打杈，避免造成伤口传毒。

☞ 249. 瓜类炭疽病有什么主要症状？是如何发生的？

瓜类炭疽病在苗期至成株期均可发生。苗期子叶边缘出现圆形黑褐色病斑，外围有黄褐色晕圈，茎基部变成黑褐色，收缩变细导致幼苗猝倒。成株期叶片受害后，初期产生不规则形水浸状斑点，干燥时病斑破碎穿孔，潮湿时，叶面生出粉红色黏稠物；叶柄或瓜蔓受害后，初为水浸状淡黄色稍凹陷斑点，后引起全株枯死。未成熟果实受害后，幼瓜畸形或脱落。成熟果实产生水浸状凹陷褐斑并龟裂，湿度大时病斑中部产生粉红色黏质物，严重时病斑连片腐烂。

瓜类炭疽病是由真菌引起的，病菌在土壤中的病残体上越冬。种子带菌可存活 2 年，播种带菌种子，出苗后子叶受侵。病菌遇到适宜条件开始萌发生长，落到植株上侵染发病。西瓜染病后，病菌借风雨及灌溉水传播，进行重复侵染。重病田或雨后收获的果实在贮运过程中也能发病。地势低洼、排水不良、氮肥过多、通风不良或重茬地发病重。

250. 如何防治瓜类炭疽病?

(1)选用抗病品种

根据各地生产情况选用不同的抗病品种。

(2)选用无病种子或种子消毒处理

55℃温水浸种 15 min 后冷却，或用 40%福尔马林 150 倍液浸种 30 min 后用清水冲洗干净，再放入冷水中浸 5 h。西瓜品种间对福尔马林敏感程度各异，应先试验，避免产生药害。

(3)轮作

与非瓜类作物实行 3 年以上轮作。

(4)加强管理

选择沙质土，注意平整土地，采用合理施肥，施用腐熟的堆肥，防止积水，雨后及时排水，合理密植，及时清除田间杂草。

(5)药剂防治

保护地和露地在发病初期以 50%甲基硫菌灵可湿性粉剂 800 倍液加 75%百菌清可湿性粉剂 800 倍液，或 50%多菌灵可湿性粉剂 800 倍液加 75%百菌清可湿性粉剂 800

倍液混合喷雾。保护地栽培的，可采用烟雾法或粉尘法，5%百菌清粉尘剂或施用10%速克灵烟剂，隔9天1次，连续防治3～4次。

251.瓜类白粉病有什么主要症状？是如何发生的？

瓜类白粉病俗称“白毛”，各种瓜类作物上均可发生，以黄瓜、南瓜、西葫芦、苦瓜和甜瓜受害较重，冬瓜和西瓜次之，丝瓜较为抗病。主要侵染叶片，亦危害茎和叶柄。植株从幼苗期即可受害，但以中后期发病者居多。叶片受害后，在初期产生白色近圆形的霉斑，条件适宜时霉斑连接成片，叶背面布满白色粉状物，此时叶片逐渐变黄，病叶最后枯干，白粉状物逐渐变为灰褐色。在环境条件不利于病菌生长或植株衰老，病斑的白粉状物上产生成堆的黑色小粒点。叶柄或嫩茎受害后，症状与叶片相似。白粉病菌侵染南瓜或西葫芦叶片时，在叶面上产生大量的灰白色粉状物，极似均匀地在叶表面撒上一层面粉，病叶提早衰老，最后枯死。

在南方温暖地区，一年四季都可以种植黄瓜或其他瓜类，白粉病终年不断发生。在北方冬季寒冷、干燥的地区，白粉病菌随病株残体在棚室或陆地越冬，次年春季不断进行再侵染，侵染露地及保护地栽培的植株。病菌主要通过气流传播，其次雨滴溅散也可以帮助病菌的传播。在瓜类作物生长季节，条件适宜时，病菌可以进行频繁再侵染。

空气相对湿度大，温度较高，在20～24℃时，最有利于白粉病的发生和流行。温室或塑料大棚黄瓜白粉病发生较重，主要就是由于在温室或大棚内湿度较高。过于高温干旱或过多降雨都会减缓白粉病流行的速度。任何地区多雨季节，白粉病均发生较轻。施肥不足，土壤缺水，环境荫蔽，光照不足，均易造成植株生育衰弱，而降低对白粉菌侵染的抵抗力。而浇水过多，氮肥过量，植株徒长，田间通风不良，湿度增高，也有利于白粉病的发生，因此凡是窝风地、低洼或排水不良的地块，白粉病发生都较重。靠近温室或大棚的地块，由于初菌源较多，一般发病亦较早且较重。

☞ 252. 瓜类白粉病的防治方法有哪些？

(1)选用抗病品种

根据各地生产情况选用不同的抗病品种。

(2)加强栽培管理

应选择通风良好、土质疏松、肥沃、灌排方便的地块种植。在种植前或拉秧后应彻底清除和妥善处理病株残体，与矮生蔬菜间(套)作可以有利于田间通风透光。种植前要施足基肥，平整土地，培育壮苗，增强植株的抗病性。加强肥水管理，勿过量单一使用氮肥，防止植株徒长，要适当配合使用磷、钾肥；防止脱肥早衰，可增强植株的抗病性。阴天不浇水，晴天多放风，可以减缓病害的蔓延。及时清除和处理老病叶，减少菌源。

(3)轮作

重病地应避免与瓜类作物连作。

(4)药剂防治

保护地在种植前可用硫磺粉熏蒸消毒，棚室温度要维持在 20℃左右，每 1 000 m^3 用硫磺粉 250 g，锯末 500 g，盛于花盆内分置数处，于傍晚在密闭条件下，点燃锯末熏蒸一夜，可以有效地防治该病。用 25％粉锈宁可湿性粉剂 4 000 倍液、50％多菌灵可湿性粉剂 600 倍液、农抗 120 稀释成 200 倍液喷雾防治。

(二)主要虫害及其防治

☞ 253. 危害瓜类的蚜虫有何特点?如何防治?

瓜蚜以成蚜和若蚜群集在叶背和嫩茎上吸食汁液,分泌蜜露。瓜苗嫩叶及生长点被害后叶片卷缩,瓜苗萎蔫,甚至停止生长、枯死。瓜蚜在吸食汁液时还能传染病毒,引起多种花叶病毒病,其危害损失甚至超过瓜蚜的直接危害。

瓜蚜每年发生 20～30 代,繁殖力强。最重要的发生特点是越冬和田间危害的寄主不同,并且寄主范围广泛,可以互相辗转危害。一般以卵在花椒、木槿、石榴、木芙蓉、鼠李等的枝条上越冬。在越冬寄主上生活 2～3 代后,产生有翅蚜向瓜类、棉花等侨居寄主上迁飞,并不断以孤雌胎生形式繁殖和扩散危害。秋末冬初营养条件恶化时产生大量有翅蚜离开瓜类等蔬菜迁回越冬寄主,产卵越冬。在干旱气候下发生危害重。雨水,尤其是大雨、暴雨能迅速降低瓜蚜虫口密度。杂草多、离越冬寄主近、不通风的瓜地发生重。此外,瓢虫、草蛉、食蚜蝇等对瓜蚜有很好的抑制作用。

主要防治方法:

①消灭菜田周围蚜虫越冬寄主上的越冬卵。保护地发现冬季有越冬蚜时,应及时防治,每 667 m^2 用 80%敌敌畏乳油 50～60 mL 对水喷雾,在瓜蚜向菜田迁飞前在蔬菜上喷药 1 次。

②用黄板诱蚜或用银灰色薄膜避蚜,方法同菜蚜的防治。

③菜田喷药防治,每 667 m^2 用 44%速凯乳油 40～

60 mL,或 40%乐果乳油 50 mL,或 20%灭扫利乳油 20～30 mL,或 2.5%天王星乳油 20～40 mL 对水喷雾防治。

254. 美洲斑潜蝇有何发生特点？如何防治？

美洲斑潜蝇是近年来潜叶危害最严重的害虫之一,成虫是一种黑褐色小蝇子,幼虫为白色至橙黄色小蛆。雌成虫可把植物叶片刺伤,取食汁液并在其中产卵。幼虫潜入叶片和叶柄内危害,在叶片表皮组织下蛀成蛇形弯曲不规则的白色虫道,叶绿素被破坏,影响光合作用,受害重的叶片脱落,造成花芽、果实被灼伤,严重的造成毁苗。

该虫一年发生 5～15 代,在南方可周年繁殖,北方则在温室、大棚内越冬。世代重叠严重。成虫白天活动,可吸食花蜜。幼虫孵化后即潜食叶肉,成熟后在叶片表皮外或在土壤表层化蛹。飞翔能力有限,自然扩散能力弱。主要靠卵和幼虫随寄主植物如叶菜和带叶的瓜果豆类,或作为瓜果豆类铺垫、填充、包装物的叶片,以及蛹随盆栽植物的土壤、交通工具等远距离传播。

主要防治方法:

①加强检疫。对来自疫区的瓜果豆菜类,要严格检查,严禁带叶片运输。带虫的材料应置于温室中 3～4 天,然后于 0℃以下冷藏 1～2 周,以杀死幼虫。

②及时清除菜田内、田边杂草和带虫的老叶,收获后及时处理残株叶片。

③在越冬成虫羽化盛期,用甘薯或胡萝卜煮液为诱饵,加少量 90%敌百虫晶体制成诱杀剂点喷植株诱杀,每隔 3～5 天 1 次,连续 5～6 次。

④黄板诱杀成虫,方法同菜蚜的诱杀。

⑤一般在成虫发生高峰期4～7天开始防治，每667 m^2用48%毒死蜱乳油50 mL，或1.8%阿维菌素乳油33～50 mL，或18%杀虫双水剂200 mL，或48%乐斯本乳油50 mL，对水喷雾，每隔7～10天喷1次，共喷2～3次，注意叶片两面都要喷到。

255. 黄守瓜的发生特点是什么？怎样防治？

黄守瓜又叫黄萤，是瓜类的主要害虫之一。该虫在中原地区一年发生1～2代，以成虫在避风向阳的杂草、落叶及土壤缝隙处潜伏越冬。春季成虫开始活动后，先取食杂草和豆类，再迁入瓜田危害，取食瓜苗的叶、花瓣和嫩茎，危害幼苗常常引起死苗。被害叶片呈半圆形缺口或透痕是其识别特征。成虫活泼，遇惊即飞，有假死性，不易捕捉，喜在潮湿表土中产卵，卵散产或成堆产，多产卵于瓜苗基部附近土面上。成虫耐热性强，抗寒力差，在冬季严寒、年温差大的北方地区不能安全越冬，发生危害较轻，在南方发生严重。幼虫孵化后，先取食细根，后危害主根，常有许多幼虫在根部群集危害，致使植株生长不良甚至死亡。还可蛀入接近地表的瓜内危害。幼虫老熟后在根际附近筑土室化蛹。

主要防治方法：

①适当提前定植，在越冬成虫盛发期前、植株具4～5片真叶时定植瓜苗，可减少成虫危害。瓜田收获后，彻底清除瓜蔓、残根，铲除杂草，消灭越冬成虫。

②在成虫产卵前，露水未干时，在瓜苗基部撒石灰、麦糠、草木灰，防止成虫产卵。

③瓜苗定植后喷洒80%敌敌畏乳油1 000倍液，或

20%氰戊菊酯乳油 20～40 mL，对水喷雾，防治成虫。发现幼虫危害根部，用上述药剂灌根，毒杀幼虫。

256. 瓜绢螟的发生特点是什么？怎样防治？

瓜绢螟以幼虫危害瓜类。幼龄幼虫在叶背啃食叶肉，仅留透明表皮，呈灰白色斑状。3 龄后吐丝将叶或嫩梢缀合，藏于其中取食，致使叶片穿孔或缺刻，严重时仅留叶脉，在瓜叶食尽时蛀食果实、花、瓜蔓。幼虫常蛀入瓜果内，严重影响产量和质量。

该虫从北到南每年发生 3～6 代，有世代重叠现象。以老熟幼虫和蛹在寄主枯卷叶中或瓜架竹竿内越冬。成虫昼伏夜出，趋光性强，喜在丝瓜、黄瓜和冬瓜植株上产卵，在甜瓜、南瓜、西瓜上次之，在其他瓜类上较少。卵主要产在叶背。初孵幼虫有群集性，较活泼，遇惊即吐丝下垂，转他处危害。老熟幼虫在卷叶的白色薄茧中化蛹。

主要防治方法：

①在瓜果采收后，将枯藤落叶收集，沤埋或烧毁，消灭虫蛹；在幼虫发生期可人工摘除卷叶，以减少田间虫量。

②在幼虫 3 龄前，每 667 m^2 用 44%速凯乳油 30～50 mL，或 5%锐劲特悬浮剂 20～30 mL，或 80%敌敌畏乳油 50～60 mL，或 20%氰戊菊酯乳油 25～50 mL，对水喷雾防治。

257. 瓜蓟马是如何危害蔬菜的？怎样防治？

瓜蓟马是一种淡黄色的微小害虫，以成虫和若虫锉吸瓜类嫩梢、嫩叶、花和幼瓜的汁液，因体形小而易被忽视。被害嫩叶、嫩梢变硬缩小，新叶展开时出现条状斑点，茸毛呈灰褐色或黑褐色，植株生长缓慢，节间缩短；幼瓜受害后硬化，毛变黑色，造成落瓜。茄子受害时，叶脉变成黑褐色。危害严重时，造成瓜类产量与品质下降，严重影响瓜类生产。

该虫在我国中南地区和北方保护地内发生普遍，每年发生20代左右。多以成虫在蔬菜及杂草上越冬，或在土块、土缝下及枯枝落叶间越冬，少数以若虫越冬。成虫有迁飞习性和喜嫩绿习性。卵产于寄主组织内，雌虫多孤雌生殖。若虫多在植株上部嫩叶上活动。每年早春长期阴雨，或5～9月份遇持续数天暴雨，田间含水量处于饱和状态，使土壤中的蛹不能羽化，可显著减轻其发生和危害。

主要防治方法：

①清除田边杂草，加强肥水管理，使植株生长旺盛，减轻作物受害。

②使用地膜覆盖和采用营养钵育苗，减轻幼苗受害。

③当每株虫口达3～5头时，每667 m^2 用2.5%菜喜悬浮剂30～50 mL，或44%速凯乳油50～70 mL，或75%拉维因可湿性粉剂60～80 g对水喷雾，连续2～3次。

258. 瓜实蝇发生特点是什么？怎样防治？

瓜实蝇也是一种小型蝇类，主要危害瓜类，南方发生较重。成虫以产卵管刺入幼瓜表皮内产卵，幼虫孵化后即钻进瓜内取食，将瓜蛀食成蜂窝状，受害瓜先局部变黄色，而后全瓜腐烂变臭，造成大量落瓜，即使不腐烂，刺伤处凝结着流胶，畸形下陷，果皮硬实，瓜味苦涩，品质下降。

该虫在南方一年发生7～8代，世代重叠。以成虫在杂草、蕉树上越冬。成虫飞翔敏捷，中午静伏阴凉处，傍晚停息叶背,不活动。对甜味有趋性。卵产于瓜内,几粒到几十粒不等。幼虫孵化后,在瓜内蛀食,老熟后即钻出烂瓜,弹跳入土化蛹。

主要防治方法:

①毒饵诱杀成虫,用香蕉皮、菠萝皮或南瓜 40 份,90% 敌百虫晶体 0.5 份,香精 1 份,加水调成糊状,直接涂在瓜棚上或装入容器挂于棚下,每 667 m^2 设 20 点,每点放 25 g,诱杀成虫。

②及时摘除处理受害瓜,集中深埋在 1 m 左右的土坑中,如瓜已腐烂脱落,则应在落瓜附近土面喷药。

③保护幼瓜,将幼瓜套袋或用草覆盖,可避免成虫产卵。

④在成虫发生初期,每 667 m^2 用 5% 抑太保乳油 30～60 mL,或 10% 氯氰菊酯乳油 30～50 mL,或 80% 敌敌畏乳油 50～60 mL,或 10% 灭蝇胺悬浮剂 50 mL 对水喷雾,每隔 7～10 天 1 次,连续 3～4 次。

☞ 259. 温室白粉虱是如何危害蔬菜的? 怎样防治?

温室白粉虱俗称“小白蛾”,是温室发生的重要害虫之一,可危害多种温室蔬菜和植物。以成虫和若虫群集叶背吸食植物汁液。被害叶片褪绿、变黄、萎蔫,甚至全株死亡,同时分泌大量蜜露,污染叶片和果实,引起煤污病的发生,影响植株的呼吸作用和同化作用,使蔬菜失去商品价值。此外,也能传播病毒病,造成更大损失。

在温室中,该虫一年可发生 10 余代。在南方自然条件下一般以卵或成虫在杂草上越冬,或以卵、老熟若虫及蛹在绿色植物上越冬。在北方以各虫态在温室内越冬。成虫喜群集于植株上部嫩叶背面吸食汁液，不擅飞翔，对黄色有强烈趋性。卵产于叶背。成虫除两性生殖外，还可进行孤雌生殖。温室白粉虱在田间常呈点片发生，扩散缓慢。

主要防治方法：

①做好检疫工作，避免从发生白粉虱的地方调入种苗、栽培材料。对初发生白粉虱的温室或大棚，要采取措施彻底防治。

②清洁田园，清除落叶、杂草；与芹菜等作物轮作；培育无虫苗，育苗前要进行消毒，清除杂草，有条件的可安装防虫纱网；温室附近避免种植黄瓜、茄子等白粉虱发生严重的蔬菜，可种植十字花科蔬菜。

③利用黄板诱杀成虫，方法同菜蚜的诱杀。

④人工释放草蛉或丽蚜小蜂。每 667 m^2 放中华草蛉卵 9 万粒。丽蚜小蜂与白粉虱的比例为 2∶1，每隔 12～14 天放 1 次，共放 3～4 次。

⑤药剂防治，每 667 m^2 用 70％艾美乐水分散粒剂 1～1.3 g，或 2.5％天王星乳油 50～60 mL，或 2.5％功夫乳油 40～60 mL，或 20％灭扫利乳油 20～30 mL，对水喷雾防治。

☞ 260. 钻蛀瓜藤危害的害虫是什么？如何防治？

钻蛀瓜藤危害的害虫是瓜藤天牛。该虫以幼虫蛀食瓜藤，破坏输导组织，导致被害瓜株生长衰弱，严重时断茎、蔫瓜，影响产量和品质。被蛀害的植株抗病力减弱，匍匐于地面的藤蔓易受白绢病菌侵染，从而加速其死亡。

该虫一年发生 1 代，少数 2 代。以老熟幼虫越冬。成虫产卵于瓜藤裂缝处,卵散产。幼虫孵出后从节部侵入,被害部位附近的组织受刺激,易膨胀成畸形而易识别。后期幼虫竖直钻蛀,蛀道不长,很少跨过节间。

主要防治方法:

①彻底清除田间残藤,压低越冬虫口密度。

②当发现植株有新鲜虫粪的虫孔后,可注入80%敌敌畏乳油20～30倍液1～3 mL,或以药棉沾药少许堵塞虫孔,熏杀幼虫。每667 m^2还可用50%巴丹可溶性粉剂50 g对水喷雾,也有较好的防效。

261. 黄瓜根结线虫的危害症状是怎样的?如何防治?

根结线虫是一种地下害虫,一般老菜田的温室大棚黄瓜采收前后容易发生和流行。发病初期,植株类似缺肥状,生长缓慢,弯瓜多,品质差,严重时落叶枯死。

根结线虫的幼虫为线条形状,雌成虫为梨状,雄成虫为线状,无色透明,大小各为1 mm左右不等。从根冠上方侵入并分泌刺激素形成瘤状根节,开始是乳白色,后期变成淡褐色,内存很多乳白色根结线虫。由于植株根部受到破坏,影响正常吸收功能,地上部生长受阻。

防治时,首先应采用轮作,棚室栽培黄瓜要避免连作,最好要与韭菜、大葱或非葫芦科实行2～3年的轮作。还要及时检查黄瓜秧的根部,如若发现要彻底清除病残体集中烧毁,并且要深翻土壤,暴晒几天然后每667 m^2随水冲入80%敌敌畏乳油0.25～0.5 kg,然后盖上地膜闷棚15天左右。生长期间每667 m^2可用3%米乐尔颗粒剂4～6 kg,沿根部周围沟施。

262. 丝大蓟马有哪些发生危害特点？如何防治？

丝大蓟马主要危害葫芦科、十字花科、豆类、茄子、辣椒、空心菜等蔬菜。成、若虫聚集在瓜心叶、嫩芽或幼果上危害，严重时心叶不能伸开，生长点萎缩或丛生，幼瓜受害果皮呈锈褐色，生长缓慢或出现畸形，严重的无法食用。

主要防治方法：

①铲除田间杂草，消灭越冬寄主上的虫源，避免蓟马向瓜上转移。

②利用营养钵育苗，采用地膜覆盖，防止瓜苗受越冬蓟马危害。

③使用遮阳网可减少受害。

④气候干旱时，采用浇跑马水的方法灌溉。

⑤抓住花期药剂防治。首选40%七星宝乳油600～800倍液，或20%好年冬乳油600～800倍液、98%巴丹可溶性粉剂2 000倍液、25%杀虫双水剂400倍液、50%马拉硫磷乳油2 000倍液。

⑥注意保护利用天敌，如小花蝽、中华微盲蝽等。

八、豆科蔬菜无公害生产病虫害防治

（一）主要病害及其防治

☞ 263. 菜豆炭疽病主要有什么症状？是如何发生的？如何防治？

菜豆炭疽病主要危害叶、茎及豆荚。叶片发病从叶背开始，叶脉呈红褐色条斑，后变为黑褐色多角形网状斑，叶柄和茎部受害后，凹陷龟裂成褐锈色细条形斑，后连合成长条状；豆荚受害后，开始出现褐色小点，后扩大成褐色圆形斑，周缘隆起，有红褐色晕环，中间凹陷，潮湿时，溢出粉红色黏稠物；种子受害后，出现凹陷斑。

菜豆炭疽病是由真菌引起的，病菌主要在种子内外和病残体内越冬。播种带菌种子后，引起幼苗染病，通过雨水、昆虫传播危害田间其他植株，可以从植物伤口侵入或直接侵入。在多雨、多雾冷凉的地区，或种植过密、土壤黏重的湿地该病发病重。

主要防治方法：

①选用抗病品种或实行 2 年以上轮作。

②用无病种子或进行种子处理。注意从无病荚上采种或用种子重量 0.4％的 50％多菌灵或福美双可湿性粉剂拌

种，或 40%多硫悬浮剂 600 倍液浸种 30 min，清水洗净后，晾干播种。

③药剂防治。旧架材要用 50%代森铵水剂 800 倍液消毒。开花后及发病初期喷洒 75%百菌清可湿性粉剂 600 倍液，70%甲基硫菌灵可湿性粉剂 500 倍液或 70%甲基硫菌灵可湿性粉剂 800 倍液加 75%百菌清可湿性粉剂 800 倍液，7～10 天 1 次，连续 2～3 次。

☞ 264. 菜豆角斑病是由什么引起的？危害症状是什么样的？防治方法有哪些？

菜豆角斑病是由真菌引起的，该病主要危害叶片和豆荚，常在花期后发病。

叶片受害后，产生多角形黄褐色病斑，潮湿时叶背产生灰紫色霉层。危害荚果后产生边缘紫褐色的病斑，中间黑色，后期密生灰紫色霉层，与炭疽病不同，病斑不凹陷，发病严重时种子霉烂。

主要防治方法：

①选用无病种子或种子温汤处理。用 45℃温水浸种 10 min，移入冷水中冷却。

②收获后进行深耕或轮作。

③发病初期喷洒 77%可杀得可湿性微粒粉剂 500 倍液或 64%杀毒矾可湿性粉剂 500 倍液，隔 7～10 天 1 次，连续 2 次。

☞ 265. 菜豆细菌性疫病是由什么引起的？危害症状是什么样的？该病还能危害哪些植物？

菜豆细菌性疫病是由细菌引起的，细菌主要在种子内外越冬，播种带菌种子后，长出幼苗即发病，病菌借风雨或昆虫传播，从植物气孔、水孔或伤口侵入，引致茎叶发病。一般高温多湿或暴风雨后转晴的天气，易发病。栽培管理不当，大水漫灌，或肥力不足或偏施氮肥，造成长势差或徒长，会加重病害发生。

该病主要侵染叶、茎蔓、豆荚和种子。幼苗受害后，子叶呈红褐色溃疡状，幼苗易折断干枯。成株叶片受害后，从叶尖或叶缘开始产生暗绿色油渍状小斑点，后扩展为不规则形褐斑，周围有黄色晕圈，发病重时，病斑连成片使全叶变黑或扭曲畸形。茎蔓受害后，产生红褐色溃疡状凹陷条斑，导致上部茎叶枯萎。豆荚受害后，产生凹陷的圆形至不规则形褐斑，严重时豆荚皱缩。种子受害后种皮皱缩或产生黑色凹陷斑。潮湿时，茎叶或种脐病部常有黏液状菌脓溢出。

该病除侵染菜豆外，还可引起豇豆、扁豆、小豆、绿豆等发病。

☞ 266. 菜豆细菌性疫病的防治方法有哪些？

①实行 3 年以上轮作。

②选用无病种子或种子处理。用 45℃ 恒温水浸种 15 min，捞出后移入冷水中冷却，或用硫酸链霉素 500 倍液浸种 24 h。

③加强栽培管理。避免田间湿度过大，减少田间结露

的条件。

④发病初期喷洒14%络氨铜水剂300倍液、77%可杀得可湿性微粒粉剂500倍液、新植霉素4 000倍液或72%农用硫酸链霉素可溶性粉剂3 000～4 000倍液，隔7～10天1次，连续2～3次。

267. 豇豆锈病有什么主要症状？是如何发生的？如何防治？

豇豆锈病主要危害叶片，严重时也危害叶柄和种荚。发病部位初期产生淡黄色小点，逐渐变褐，并呈疱状隆起，表皮破裂后，散出红褐色粉末，即病菌的夏孢子，到后期红褐色粉末变黑，即产生病菌的冬孢子，致叶片早落，种荚染病后不能食用。

豇豆锈病是由真菌引起的，在我国北方病菌主要在病残体上越冬。翌春病菌开始萌发生长，借气流传播侵入豇豆叶片危害。在发病部位产生大量夏孢子，夏孢子成熟后借气流传播，在田间又进行多次重复侵染，引起其他植株发病，直到植株生育后期条件不适，形成冬孢子越冬。在南方病菌主要以夏孢子越冬和越夏。阴雨条件下，此病易流行。

主要防治方法：

①选用抗病品种。根据当地情况，选择高产优质的抗病品种。

②药剂防治。发病初期开始喷洒15%三唑酮可湿性粉剂1 000～1 500倍液、50%硫磺悬浮剂200倍液，10天1次，连续2～3次。

268. 豇豆煤霉病有什么主要症状？发病规律怎样？如何防治？

豇豆煤霉病又称叶斑病、叶霉病，是豇豆上一种较为严重的病害。豇豆煤霉病主要危害叶片，茎蔓和豆荚也可受害。发病初期在叶两面产生赤褐色小斑点，后扩大成直径为 1～2 cm 近圆形或多角形的褐色病斑，病、健交界不明显。潮湿时，叶背面病斑上密生灰黑色霉层，有时叶正面病斑也有霉层。严重时，病斑相互连片，引起早期落叶，仅留顶端嫩叶。病叶变小，病株结荚减少。

豇豆煤霉病为真菌病害，病菌发育的温度范围为 7～35℃，最适温度为 30℃。病菌除侵染豇豆外，还可侵染菜豆、蚕豆、豌豆和大豆等豆科作物。豇豆煤霉病以菌丝块随病残体在田间越冬。第二年环境条件适宜时，在菌丝块上产生分生孢子，通过风雨传播，侵染寄主引起发病。病部产生的分生孢子又可以进行多次再侵染。田间高温、高湿或多雨是发病的重要条件，当温度为 25～30℃，相对湿度为 85%以上，或遇高湿多雨，或保护地高温高湿、通风不良则发病重。连作地较轮作地发病重，播种过晚的田块发病重。豇豆一般在开花结荚期开始发病，病害多发生在老叶或成熟的叶片上。品种间抗病性有差异，如“红嘴燕”品种发病较重，而“鳗鲤豇”品种比较抗病，发病轻。

防治方法：应采用加强栽培管理为主的农业防治和药剂防治相结合的综合防治措施。

①实行轮作。与非豆科作物实行 2～3 年的轮作。

②种植抗病品种。如“鳗鲤豇”等品种比较抗病，可根据各地情况选用。

③加强栽培管理。施足腐熟有机肥，采用配方施肥技术。合理密植，使田间通风透光，防止湿度过大。保护地要通风透气，排湿降温。发病初期及时摘除病叶，可减轻病害蔓延，豇豆收获后要及时清除病残体，集中烧毁或深埋。

④药剂防治。要力争"早"字，发病初期喷施70%甲基托布津可湿性粉剂800倍液，77%可杀得可湿性微粒粉剂500倍液，50%多菌灵可湿性粉剂500倍液，50%混杀硫悬浮剂500倍液，58%甲霜灵锰锌可湿性粉剂500倍液，每隔10天喷1次，连续防治2～3次。

269. 蚕豆褐斑病有什么主要症状？是如何发生的？如何防治？

蚕豆褐斑病主要侵害叶、茎及荚。叶片受害后，开始产生赤褐色小点，后扩大为椭圆形病斑，周缘有明显赤褐色，中央灰褐色，其上密生黑色呈轮纹状排列的颗粒，发病严重时病斑相互汇合成不规则大斑，潮湿时，病部破裂穿孔或枯死。茎部受害后，产生中央灰白色稍凹陷的椭圆形大斑，周缘赤褐色，易枯死折断。荚受害后，产生凹陷的暗褐色病斑，四周黑色，发病严重时，荚枯萎，种子瘦小，不成熟。病菌穿过荚皮侵害种子后，导致种子表面形成褐色斑。

蚕豆褐斑病是由真菌引起的病害，病菌在种子或病残体内越冬，成为翌年初侵染源，靠分生孢子借风雨传播蔓延。种子未消毒、偏施氮肥、播种过早及在阴湿地种植发病重。

主要防治方法：

①选用无病豆荚，播种前用56℃温水浸种5 min，进行种子消毒。

②适时播种，不宜过早，高畦栽培，适当密植，合理施肥，增施钾肥，提高抗病力。

③药剂防治。发病初期喷洒 47%加瑞农可湿性粉剂 600 倍液、80%大生锰锌可湿性粉剂 500～600 倍液、80%喷克可湿性粉剂 600 倍液、14%络氨铜水剂 300 倍液、77%可杀得可湿性微粒粉剂 500 倍液，隔 10 天 1 次，防治 1～2 次。

270. 菜豆、豇豆的根腐病有什么主要症状？如何防治？

根腐病是菜豆、豇豆上的常发病害。该病早期症状不明显，只是病株较矮小，往往被忽视。到开花结荚时，病株下部叶发黄，从叶边缘开始枯萎，但不脱落，检查根部可见红褐色病症。随着病情发展，主根由红褐色变为深褐色、黑褐色，病部稍凹陷，有时开裂，病株茎基部出现黄褐色或黑色病斑，侧根少，腐烂死亡。主根腐烂后，病株即枯萎死亡。

该病病原是菜豆腐皮镰孢菌，病菌主要在土壤病株残体上越冬，随肥料、雨水等传播。

主要防治方法：

①要选用早熟品种，适期早播，筑垄种植。

②配套沟系，雨季及时排水。

③增施磷、钾肥，施用有机肥必须充分腐熟。

④与白菜和葱蒜类蔬菜实行 2～3 年轮作。

⑤苗期用药防治，用 50%多菌灵 600 倍液，或 70%甲基托布津 800 倍液灌根。

☞ 271. 菜豆花叶病有什么主要症状？发病规律怎样？如何防治？

叶上出现明脉、斑点或绿色部分凹凸不平，叶皱缩；有些品种叶片扭曲畸形，植株矮缩，开花迟缓或落花。豆荚症状不明显，荚略短，有时出现绿色斑点。

引起菜豆花叶病的病毒主要靠种子传毒，越冬寄主为主要的初侵染源，此外也可通过桃蚜、菜缢管蚜、棉蚜等传毒。

该病受环境条件影响较大，26℃以上，多表现重型花叶、矮化或卷叶；18℃显症轻，只表现轻微花叶；20～25℃利于显症，光照时间长或强度大，症状尤为明显。土壤中缺肥、菜株生长期干旱发病重。

主要防治方法：

①建立无病留种田，选用无病种子。

②及时喷洒杀虫剂防治传毒蚜虫。

③加强田间管理，增施基肥，适时适量浇水，调节小气候，增强寄主抗病力。

④发病初期开始喷洒1.5％植病灵乳剂1 000倍液，或抗毒剂1号300倍液、83增抗剂100倍液，隔10天左右1次，连续防治3～4次。

☞ 272. 菜用大豆孢囊线虫病是由什么引起的？危害症状是什么样的？

大豆孢囊线虫病是由植物寄生线虫引起的。由于线虫的侵染，根吸收作用遭到破坏，导致地上部缺水、缺肥，生长不良，结实少或不结实。

危害植物后，苗期2～3片真叶时开始显症，发病初期叶肉褪色，叶脉保持绿色，后期叶片变黄。植株明显矮化，叶片大部分变黄枯死，侧根和根瘤减少，根上附有黄褐色小颗粒状虫瘿。

273. 菜用大豆孢囊线虫病的传播途径和发病条件是怎样的？防治方法有哪些？

线虫以孢囊在土壤中越冬，孢囊内有大量的卵或幼虫，成为翌年初侵染源。翌春幼虫从孢囊出来进入土中，幼虫与大豆根接触，开始危害植株，雌成虫产卵后，身体呈乳白色柠檬状，附在大豆根上，大豆收获时雌虫落入土中越冬。在田间随农事操作、病残体、粪肥、风雨和流水进行传播蔓延。

主要防治方法：

①选用抗病品种，如泗豆11号、豫豆2号、科丰2号、灰皮黑豆、五寨黑豆。

②轮作。病田种玉米或水稻，可以使孢囊量下降30%以上，能有效控制该病发生。

③撒毒土，每667 m^2 用3%克线磷5 kg拌土后穴施。

274. 菜用大豆霜霉病有什么主要症状？是如何发生的？如何防治？

菜用大豆霜霉病可以危害叶、荚及种子。叶片受害后，叶面初期产生黄化小点，逐渐变为灰褐色，潮湿时，叶背面产生灰色霉状物，严重时叶片干枯脱落，整株枯死。豆荚受害后，荚内种子表面产生灰白色霉层，荚外症状不明显。

该病是由真菌引起的病害，病菌在病残体上或种子上越冬。条件适宜时病菌开始生长，从菜豆子叶下的胚茎侵入，进入芽或真叶，形成系统侵染，该植株成为田间的发病中心，借风雨传播蔓延，再侵染其他植株，经多次再侵染形成该病流行。一般雨季气温 20～24℃发病重。

主要防治方法：

①选用抗病品种或实行 2 年以上的轮作。

②选用无病种子或种子处理。用 35％甲霜灵拌种剂以种子量的 0.3％进行拌种。

③加强栽培管理。清洁田园，及时清除病残体，集中烧毁，及时耕翻土地。合理施肥，合理密植。

④药剂防治。发病初期开始喷洒 1∶1∶200 波尔多液或 90％三乙膦酸铝可湿性粉剂 500 倍液。

（二）主要虫害及其防治

275. 豆角钻心虫主要有哪几种？如何防治？

豆角钻心虫主要有豆荚螟、豇豆螟和高粱条螟。前两种发生普遍，危害较重，应作为防治重点。

豆荚螟又称豆野螟，成虫为灰褐色小蛾，幼虫淡绿色，老熟后背面为紫红色。该虫以幼虫危害豆叶、花及豆荚，常卷叶危害或蛀入荚内取食幼嫩的种粒，荚内及蛀孔外堆积粪粒，被害荚在雨后常腐烂。受害豆荚味苦，不能食用。该虫在中原地区一年发生 5～6 代，以老熟幼虫在土表下结茧越冬，或以蛹在土壤中越冬。成虫昼伏夜出，有趋光性，可作短距离飞翔。雌成虫有产卵选择性，结荚前多产卵于幼嫩叶柄、花柄、嫩芽和嫩叶背面，结荚后多产卵在嫩荚上。初孵幼虫即钻入花蕾、花器取食，有转荚危害习性。末龄幼虫脱荚入土或在叶背结茧化蛹。

豇豆螟成虫为烟褐色小蛾，翅上有透明斑，幼虫身体黄绿色，腹部背面每节有 4 个大毛片。该虫一年发生代数稍少于豆荚螟，每年发生时间与前者交错。成虫喜在花蕾上产卵，花蕾开放后，幼虫即孵化。初孵幼虫先钻入花内危害，造成大量落花，3 龄后蛀入豆角危害，也可转荚危害。

主要防治方法：

①定期清除落叶、落花、落荚，消灭幼虫。

②冬、春季多浇水，深耕翻，以杀死越冬虫源。

③在幼虫未入荚前喷洒白僵菌菌粉 2～3 kg，加细土 4.5 kg，或在成虫产卵盛期释放赤眼蜂，控制效果也很好。

④从初花期开始，每 667 m^2 用 80％敌百虫可溶性粉剂 150 g，或 2.5％溴氰菊酯乳油 20～40 kg，或 5％锐劲特悬浮剂 18～30 kg，或 5％抑太保乳油 30～50 kg，对水喷雾，每隔 7～10 天 1 次，连续 2～3 次。

276. 豌豆潜叶蝇危害特点是什么？如何防治？

豌豆潜叶蝇的危害特点与美洲斑潜蝇相似，以幼虫潜叶危害，蛀食叶肉，只留叶的上下表皮，形成灰白色蛇形潜道，当危害形成的潜道在叶片增加时，可逐渐连成片，使全叶枯萎。幼虫也可潜食嫩茎、嫩荚及花梗，影响植株生长，降低食用价值。豌豆潜叶蝇成虫也可危害，雌虫以产卵器刺破植物组织产卵，多散产于叶背面叶缘组织内，以叶尖较多。老熟幼虫在隧道中化蛹是其特点。

该虫每年发生 3～18 代。多数地区以蛹越冬，也可以幼虫和成虫越冬，华南地区则可在冬季连续发生。成虫白天活动，吸食花蜜，对甜汁有较强的趋性。卵幼虫孵化后潜食叶肉，出现曲折的隧道，老熟幼虫在隧道中化蛹，成虫在化蛹处穿破表皮羽化。

防治方法与美洲斑潜蝇防治相似：

①蔬菜收获后，及时处理残株余叶，以减少下代及越冬代的虫源基数。

②在成虫羽化盛期，用诱杀剂点喷植株，每平方米点喷1～2株。诱杀剂用甘薯或胡萝卜煮液为诱饵，加90%敌百虫晶体为毒剂制成。每隔3～5天点喷1次，共喷5～6次。

③在成虫盛发期或始见幼虫潜蛀的隧道时开始防治，每667 m^2 用1.8%阿维菌素乳油35～50 mL，或80%敌百虫可溶性粉剂150 g，或2.5%溴氰菊酯乳油20～40 mL，对水喷雾，每隔7～10天1次，连续2～3次。

277. 豆蚜有何危害特点？如何防治？

豆蚜是一种常发性害虫，可危害多种豆科植物。该虫以成虫和若虫刺吸嫩叶、嫩茎、花及豆荚的汁液，使心芽皱缩，豆荚畸形卷曲，影响生长，造成减产。另外，该蚜虫还可传播病毒病。全年除高温期和降雨期外，均可发生。

豆蚜每年发生20～30代。主要以无翅成虫、若蚜栖息于背风向阳的山坡、沟边、路旁的野苜蓿、野豌豆等杂草和冬豌豆的心叶及根茎交界处越冬，少数以卵越冬。次年春季先在越冬寄主上繁殖，然后依次在蚕豆、豌豆、花生等作物上危害。秋季再迁移到扁豆、菜豆上危害，冬季转至越冬寄主上越冬。豆蚜喜食寄主植物幼嫩多汁的部分，对黄色有较强的趋性，耐寒能力强。

该虫的防治方法与菜蚜相似：

①黄板诱蚜。

②在盛发期，每 667 m^2 用 50%辟蚜雾可湿性粉剂 10～18 g，或 48%乐斯本乳油 25～30 mL，或 20%氰戊菊酯乳油 20～40 mL，或 10%吡虫琳可湿性粉剂 34 g，或 2.5%功夫乳油 10～20 mL，对水喷雾，隔 7～10 天 1 次，连续 3～4 次。

278. 大豆上蛀食豆荚的害虫是什么？怎样防治？

大豆上蛀食豆荚的害虫主要是大豆食心虫。成虫为黄褐色至暗褐色小蛾，幼虫淡黄色至红色，该虫一般只危害大豆。以幼虫蛀荚取食豆粒，受害豆粒呈兔嘴状破瓣，影响产量和商品价值。

大豆食心虫一年发生 1 代，以老熟幼虫在表土中作茧越冬。成虫有趋光性，卵单产于多毛的嫩豆荚上。幼虫孵化后即钻入豆荚内危害豆粒，豆荚成熟时脱荚入土做茧越冬。

主要防治方法：

①选用抗虫、耐虫、丰产品种；实行远距离轮作，进行秋耕秋耙，破坏其越冬场所。

②在成虫产卵高峰后，每 667 m^2 用 48%乐斯本乳油 75～100 mL，或 2.5%功夫乳油 20～30 mL，或 2.5%溴氰菊酯乳油 20～40 mL，对水喷雾防治，每隔 7～10 天 1 次，连续 2～3 次。

279. 钻蛀豌豆籽粒的害虫是什么？怎样防治？

钻蛀豌豆籽粒的害虫是豌豆象，俗称豆牛。成虫为椭圆形栗褐色小甲虫，老熟幼虫潜藏在豆粒内，肥胖，乳白色，弯曲呈"C"形。该虫仅能危害豌豆，幼虫蛀食籽粒后形成空洞。被害豆粒表面多皱纹，带淡红色，被蛀过的豌豆常有难闻气味，影响食用者身体健康。除造成产量损失外，还会影响出粉率与种子发芽率。

豌豆象一年发生 1 代，以成虫在田间遗株、仓库缝隙、树皮下、砖瓦和屋檐中越冬。成虫晴天下午活动最盛，飞翔力强，具假死性。卵散产在嫩豆荚的表面。幼虫孵出后蛀入豆荚，再钻入豆粒内蛀食，经 4 龄而化蛹。

主要防治方法：

①在盛花期及幼虫孵化盛期，每 667 m^2 用 2.5%溴氰菊酯乳油 20～40 mL，或 80%敌敌畏乳油 50～60 mL，对水喷雾防治。

②在豌豆收获后半个月内，当豆粒含水量降至 3%～14%时，密闭 20 天；或将豌豆置于密闭容器内，用 56%磷化铝熏蒸，每 200 kg 豌豆用药 1 片(3.3 g)，插入豆堆或豆包中间，密闭 3～5 天，再晾晒 4 天。

280. 钻蛀蚕豆籽粒的害虫是什么？怎样防治？

钻蛀蚕豆籽粒的害虫是蚕豆象。该虫体形、大小、颜色与豌豆象相似，但该虫仅危害蚕豆，以幼虫蛀食籽粒，吃成空洞，影响产量、品质和食用价值。豆粒胚部受害，影响出芽。

蚕豆象一年发生 1 代，以成虫在贮藏蚕豆中越冬，也有少数在田间作物的遗株、树皮下越冬。卵散产在嫩豆荚的表面。幼虫在豆粒内蛀食，经 4 龄而化蛹。幼虫老熟后，在豆内化蛹，约在 8 月份羽化为成虫。成虫善飞，具假死性。

蚕豆象的防治参照豌豆象的防治方法。

☞ 281. 大豆芝麻虫有何危害特点？怎样防治？

大豆芝麻虫又叫豆天蛾，是大豆上的大型害虫。以幼虫食叶，将豆叶吃成残缺，严重时将植株吃成光杆，使之不能结荚而影响产量。

豆天蛾一年发生 1～2 代，以老熟幼虫在表土层越冬。成虫飞翔力强，有趋光性，喜在大块、生长茂密的豆田产卵，多产卵于叶背。幼虫有背光性，白天多躲藏于叶背，夜间取食，不迁移，可转株危害。

主要防治方法：

①灯光诱杀成虫。

②于幼虫 3 龄前，每 667 m^2 用 50%马拉硫磷 50 mL，或 40%甲基辛硫磷乳油 25～50 mL，或 20%氰戊菊酯乳油 20～40 mL。

☞ 282. 如何防治豆类植物红蜘蛛？

发生在大豆、豇豆等豆科蔬菜上的红蜘蛛主要是截形叶螨，体形微小，红褐色。以若螨和成螨群集叶背吸取汁液，使叶片呈灰白色或枯黄色细斑，严重时叶片干枯脱落，影响生长，缩短结果期，造成减产。

该虫一年发生 10～20 代，在北方地区以雌螨在枯枝落叶或土缝中越冬，在华中以各虫态在杂草丛中或树皮下越冬，在华南可周年繁殖活动。在植株上，先危害下部叶片，然后向上蔓延，数量过大时，常可随气流扩散蔓延。

主要防治方法：

①加强田间管理。注意灌溉并合理施肥，增施磷、钾肥，减轻危害。

②每 667 m^2 用 73%克螨特乳油 40～50 mL，或 20%灭扫利乳油 20～30 mL，或 2.5%功夫乳油 20～40 mL，或 2.5%天王星乳油 50～60 mL，对水喷雾防治。

283. 菜豆根蚜有哪些发生危害特点？如何防治？

菜豆根蚜主要危害菜豆、豌豆、蚕豆、红花菜豆等蔬菜根部。多集中在主根处危害，刺吸根部汁液，致使主根下部及须根变细、萎缩、变黑甚至腐烂。嫩顶枯萎，叶片变黄下垂，整株停止生长，不结荚。成虫在土壤中呈水平分布，距植株周围垂直分布在 5～10 cm 土层内。怕光，见光即向土缝中爬行，在土中常与小黄蚁共生，靠小黄蚁搬迁或转移危害。沙壤土、壤土土质松软，通透性好的地块发生危害重，连作田易发生，气温高发生早，多雨的年份也有发生危害重的。

主要防治方法：

①合理轮作、套种。

②清除田间、地边杂草。

③在菜豆根蚜发生初期灌浇 50%辛硫磷乳油或 20%灭多威乳油 1 500 倍液、10%吡虫啉可湿性粉剂 1 500 倍液、50%抗蚜威可湿性粉剂 3 000 倍液。

④每 667 m^2 的豆种用 10%吡虫啉 7 g 拌种，播种后 1 个月有效。

⑤菜豆对辛硫磷较敏感，使用时须注意药害。

☞ 284. 北京油葫芦有哪些发生危害特点？如何防治？

北京油葫芦是常见的一种蟋蟀，主要危害大豆、绿豆，但也能危害芝麻、花生、甘薯、马铃薯、玉米、高粱、谷子、棉花、小麦、甘蔗、茶、桑、油菜等多种农作物，数量大时能造成危害，甚至入室咬食衣物和食品。食叶成缺刻或孔洞。有的咬食花荚或根。每年发生 1 代，以卵在土中越冬，翌年 4～5 月份孵化为若虫，经 6 次脱皮，于 5 月下旬至 8 月份陆续羽化为成虫，9～10 月份进入交配产卵期，交尾后 2～6 日产卵，卵散产在杂草丛、田埂或坟地，成虫和若虫昼间隐蔽，夜间活动、觅食、交尾。成虫有趋光性。

主要防治方法：

①毒饵诱杀。苗期每 667 m^2 用 50%辛硫磷乳油 25～40 mL，拌 30～40 kg 炒香的麦麸或豆饼或棉籽饼，拌时要适当加水，然后撒施于田间。也可用 50%辛硫磷乳油 50～60 mL，拌细土 75 kg，撒入田中，杀虫效果 90%以上。施药时要从田四周开始，向中间推进效果好。

②灯光诱杀成虫。

九、葱蒜类蔬菜无公害生产病虫害防治

(一)主要病害及其防治

☞ 285. 韭菜灰霉病危害症状和发病规律是怎样的?

韭菜灰霉病主要危害叶片,分为白点型、干尖型和湿腐型。白点型和干尖型最初在叶片正面和背面产生白色或浅灰褐色小斑点,由叶尖向下发展,病斑梭形或椭圆形,可互相汇合成块,致使半叶或全叶枯焦。湿腐型发生在湿度大时,枯叶表面密生灰色至绿色绒毛状霉层,伴有霉味。湿腐型叶上不产生白点。干尖由割茬刀口处向下腐烂,初呈水浸状,后变淡绿色,有褐色轮纹。病斑扩散后多呈半圆形或"V"字形,并可向下延伸 2～3 cm 呈黄褐色,表面生灰褐或灰绿色绒毛状霉。灰霉病大流行时或韭菜的运输中,病叶出现湿腐型症状,完全湿软腐烂,其表面产生灰霉。

韭菜灰霉病主要靠病叶上的灰霉传播蔓延。每次收韭菜都会把病菌散落于土表,致新生叶染病。秋末冬初多在塑料大棚内发病,由于韭菜棚生态条件适合发病,只要有菌源,病情可不断加重。品种间抗性差异明显,"黄苗"较抗病,"汉中韭"则感病。此病原菌除危害韭菜外,还可侵染大葱、大蒜等。

☞ 286. 韭菜灰霉病的主要防治方法有哪些?

①选用抗病品种,如黄苗、竹杆青、早发韭1号、中韭2号、克霉1号等。

②清洁田园。韭菜收割后,及时清除病残体,防止病菌蔓延。

③适时通风降湿是防治该病的关键。通风量要据韭菜长势确定,刚割过的韭菜或外温低,通风要小或延迟,严防扫地风。

④培育壮苗注意养茬。多施有机肥,及时追肥、浇水、除草,养好茬。

⑤发病初期轮换喷淋50%多菌灵或70%甲基硫菌灵可湿性粉剂500倍液,每次收后盖土前都要喷,必要时还可选用50%速克灵,或50%扑海因、50%农利灵可湿性粉剂1 000~1 500倍液等。此外棚室可选用烟雾法或粉尘法。对上述杀菌剂产生抗药性的地区,可选用65%甲霉灵可湿性粉剂1 000倍液。

☞ 287. 韭菜疫病的发生与防治措施是怎样的?

韭菜疫病可危害韭菜的根、茎、叶、花薹等部位。叶片及花薹染病,多于中下部开始,初呈暗绿色水浸状,长5~50 mm,有时扩展到叶片或花薹的一半,病部失水后明显缢缩,引起叶、薹下垂腐烂,湿度大时,病部产生稀疏白霉;假茎受害呈水浸状浅褐色软腐,叶鞘易脱落,湿度大时,其上也长出白色稀疏霉层;鳞茎被害,根盘部呈水浸状,浅褐至暗褐色腐烂,内部组织呈浅褐色,影响植株的养分贮存,生长受抑,新生叶片纤弱;根部染病变褐腐烂,根毛明显减少。

病菌在土壤中或病残体上越冬，第二年条件适宜时，侵染韭菜引起发病。湿度大时，病部长出霉层，借风雨传播蔓延，进行重复侵染。

选用抗病品种，仔细平整好苗床或养茬地，雨季到来前，修整好田间排涝系统，进行轮作换茬，避免连年种植等措施，都可以减轻韭菜疫病的发生与危害。药剂防治可采用72%杜邦克露可湿性粉剂700倍液，或69%安克锰锌可湿性粉剂1 000倍液，或72.2%普力克水剂600倍液，或60%琥·乙膦铝可湿性粉剂500倍液，隔10天左右喷1次，连续防治2～3次。

288. 韭菜（黄）黑根病的危害症状有哪些？发病规律如何？

该病主要危害茎基部叶鞘和韭黄罐顶叶梢。受害部位初为褐色或淡褐色腐烂，之后可见棉絮状菌丝缠绕或结块；中后期在外层叶鞘与新生叶之间形成黄褐色或黑褐色菜籽状多层小菌核，严重时在簇内每株的根上、茎下周围结成筒状黑色菌核厚痂，田间出现成片或核心型分布的整簇韭菜叶片变黄、变细、矮化，并有大量枯死株甚至整窝植株枯死。病原菌属大蒜核盘菌，菌核不规则形或近椭圆形，形成于寄主表皮下，萌发时产生4～5个子囊盘。子囊筒状，内含8个子囊孢子，子囊孢子长椭圆形，单胞，无色。病菌发育适温25℃。

主要以菌丝体和菌核随病残体在土壤中越冬，春、秋两季形成子囊盘，产生子囊孢子，并借气流弹射传播或直接产生菌丝传播蔓延。气温14℃、高湿或多雨易发病。过分密植或偏施氮肥易发病。低洼积水或雨后受涝发病重。

289. 应采取什么方法来防治韭菜(黄)黑根病?

(1)实行整体联防和轮作

统一规划安排3～4年倒茬;收获后集中清除销毁病残体,严防病菌扩散。

(2)选用抗病品种

据调查,大黄苗、黑站(立)韭、马蔺韭较791雪韭、汉中冬韭抗病。为避免种子带菌,保证良种质量,宜在山区或隔离条件优越的异地安排留种基地。生产田还须防止大面积栽植单一品种造成病害集中流行。

(3)精细管理

韭黄窝内密度应控制在50株以内。避免偏施过量氮肥,多耕勤锄。整修排灌系统,防止栽植地积水受涝,重病区应采用半高垄栽培。

(4)化学防治

①播种前和栽植前1周,用4%农抗120水剂进行土壤处理,每667 m^2 药量1～1.5 kg。

②种子消毒。可用4%农抗120水剂100倍液浸种6～12 h,清水冲洗后下种;也可用种子重量0.3%的50%乙烯菌核利或50%多菌灵可湿性粉剂拌种。

③移栽时蘸根,或重病韭丛挖换新苗时处理穴窝、浸根换株,或于发病初期灌淋根。可选用50%乙烯菌核利可湿性粉剂1 000倍液,或50%多菌灵可湿性粉剂500倍液,或75%百菌清可湿性粉剂600倍液,或50%速克灵可湿性粉剂1 500倍液喷雾防治,每隔7天1次,连续3～4次。

290. 大葱、洋葱霜霉病的症状有何不同？在田间靠什么传播？

大葱霜霉病主要危害叶及花梗。花梗上初生黄白色或乳黄色较大侵染斑，纺锤形或椭圆形，其上产生白霉，后期变为淡黄色或暗紫色。中下部叶片染病，病部以上逐渐干枯下垂。假茎染病多破裂，弯曲。鳞茎染病，可引致病株矮缩，叶片畸形或扭曲，湿度大时，表面长出大量白霉。

洋葱霜霉病主要危害叶片。发病轻的病斑呈白绿色长椭圆形，严重时波及上半叶，植株发黄或枯死，病叶呈倒"V"字形。花梗染病同叶部症状，易由病部折断枯死。湿度大时，病部长出白色至紫灰色霉层。鳞茎染病后变软，外部的鳞片表面粗糙或皱缩，植株矮化，叶片扭曲畸形。

大葱和洋葱霜霉病菌在寄主体内、种子上或土壤中越冬，翌年春天侵入植株体内。湿度大时，病斑上产生霉层，借风、雨、昆虫等传播，进行再侵染。一般地势低洼、排水不良、重茬地发病重，阴凉多雨或常有大雾的天气易流行。

291. 大葱、洋葱霜霉病的防治措施主要有哪些？

①选择地势高、易排水的地块种植，并与葱类以外的作物实行 2～3 年轮作。

②选用抗病品种。一般红皮、黄皮品种较抗病，如掖辐 1 号等。

③用种子重量 0.3%的 35%雷多米尔拌种，或用 50℃温水浸种 25 min，再浸入冷水中，捞出晾干后播种。

④收获时清理病残株，带出田外深埋或烧毁。

⑤发病初期喷洒 90%三乙膦酸铝可湿性粉剂 400～500 倍液，或 75%百菌清可湿性粉剂 600 倍液、50%甲霜铜可湿性粉剂 800～1 000 倍液、64%杀毒矾可湿性粉剂 500 倍液、72.2%普力克水剂 800 倍液、60%琥·乙膦铝可湿性粉剂 500 倍液，隔 7～10 天 1 次，连续防治 2～3 次。

292. 大葱、洋葱紫斑病的危害与发生是怎样的？如何防治？

大葱和洋葱紫斑病主要危害叶片和花梗，初呈水渍状白色小点，后变淡褐色圆形或纺锤形稍凹陷斑，继续扩大呈褐色或暗紫色，周围常有黄色的圈，病部长出深褐色或黑灰色轮纹状排列的霉状物，病部继续扩大，致全叶变黄枯死或折断。种株花梗发病率高时，致使种子皱缩，不能充分成熟。

在南方病菌终年在葱类植物上辗转危害；而北方寒冷地区则在寄主体内或随病残体在土壤中越冬，第二年借气流或雨水传播，侵入寄主。发病适温 25～27℃，低于 12℃则不发病。温暖多湿的夏季发病重。此外，沙质土、旱地、旱苗或老苗、缺肥及葱蓟马危害重的田块发病重。

主要防治方法：

①施足基肥，加强田间管理，增强寄主抗病力。

②与非葱蒜类作物实行 2 年以上轮作。

③选用无病种子，必要时种子用 40%甲醛 300 倍液浸 3 h，浸后及时洗净。鳞茎可用 40～45℃温水浸 1.5 h 消毒。

④要适时收获，低温贮藏，防止病害在贮藏期继续蔓

延。尤其是洋葱，应掌握在葱头顶部成熟时收获，收获后适当晾晒至鳞茎外部干燥后入窖，窖温控制在0℃，相对湿度65%以下。

⑤药剂防治。在发病初期喷洒75%百菌清可湿性粉剂500～600倍液，或64%杀毒矾可湿性粉剂500倍液、40%大富丹可湿性粉剂500倍液、58%甲霜灵锰锌可湿性粉剂500倍液，隔7～10天1次，连续防治3～4次。

293. 大葱、洋葱黑斑病的危害与发生是怎样的？

大葱和洋葱黑斑病主要危害叶和花茎。叶染病出现褪绿长圆斑，初黄白色，迅速向上下扩展，变为黑褐色，边缘有黄色的圈，发病后期病斑相连成片后仍保持椭圆形。病斑上略现轮纹，层次分明。后期病斑上密生黑色霉层。发病严重的叶片变黄枯死或茎部折断，采种株易发病。

寒冷地区，病菌随病残体在土中越冬，是黑斑病的主要初侵染源，田间靠借气流传播蔓延。在温暖地区，病菌可常年在葱蒜类植物上辗转危害。长势弱的植株及冻害或管理不善易发病。防治方法参照大蒜叶枯病。

294. 大葱、洋葱白腐病的危害症状是什么样的？怎样防治？

大葱、洋葱白腐病是从叶片顶尖开始向下蔓延的，叶片逐渐变黄后枯死，幼株发病通常枯萎，成熟的植株数周后衰弱、枯萎。湿度大时，葱头和不定根上长出许多绒毛状物，继而出现黑色球形菌核。根或鳞茎在田间即腐烂，呈水浸状。贮藏期鳞茎可继续腐烂。

病菌以菌核在土壤中或病残体上存活越冬，遇根分泌物刺激萌发，长出菌丝侵染植株的根或茎。发病的最适温度为15～20℃，在5～10℃或高于25℃时病害扩展减缓。此外，土壤含水量对菌核的萌发有较大影响。一般在春末夏初多雨季节，病势发展快，夏季高温不利该病扩展。长期连作，排水不良，土壤肥力不足发病重。

为了防治大葱、洋葱白腐病可实行3～4年轮作，发病田避免连作。还要加强田间检查，发现病株及时挖除深埋。播前最好用种子重量0.3%的50%扑海因可湿性粉剂拌种。病田在播种后5周左右及时喷洒50%多菌灵可湿性粉剂500倍液，或50%甲基硫菌灵可湿性粉剂600倍液、50%扑海因可湿性粉剂1 000～1 500倍液灌淋根茎。贮藏期也可用上述杀菌剂喷洒，其中以50%扑海因可湿性粉剂效果好。隔10天左右1次，防治1～2次。

☞ 295. 洋葱颈腐病的危害症状是什么？如何防治？

洋葱颈腐病多发生于成熟期和贮藏期阶段的鳞茎，受害鳞茎最初在顶部产生干枯凹陷的病斑，最后延及整个鳞茎。横切有病鳞茎，可见受害的鳞片组织变软，带褐色，鳞片间有灰色霉丛，而在鳞片干缩处开始形成黑色的菌核。在鳞片的外部，特别在颈部附近许多菌核结成硬痂状。受害鳞茎常被软腐细菌侵染而软化腐烂，并有臭味。

主要防治方法：

①适时追肥，避免施肥过多过迟，且放入的有机肥必须经过腐熟。

②待洋葱充分成熟后收获，对刚收获的鳞茎要小心切截顶部，晾晒干燥后贮藏。

③鳞茎刚收获时，用红外线照射 6 min（灯离洋葱 15 cm），可减少贮藏期腐烂。

④在贮藏和运输时，应努力创造良好通气条件，防止潮湿，减少发病，并应定期检查，剔除病鳞茎，从而把病害造成的损失降到最低程度。

296. 如何识别和防治大葱、洋葱小菌核病？

大葱、洋葱小菌核病主要危害叶片和花梗，初期叶或花梗先端变色，逐渐向下扩展，致使植株局部或全部枯死，仅残留新叶。剥开病叶，里面产生白色棉絮状物，病部表皮下散生黄褐色或黑色颗粒状物（小菌核），大小 0.5～7 mm。高湿或雨季易发病。

收获后及时清除病残体，集中深埋或烧毁。与非葱类作物实行 2～3 年轮作。雨后及时排水、降低湿度。发病初期开始喷洒 40%多・硫悬浮剂 500 倍液，或 50%甲基硫菌灵可湿性粉剂 400～500 倍液、50%扑海因可湿性粉剂 1 000～1 500 倍液、50%农利灵（乙烯菌核利）可湿性粉剂 1 000 倍液、20%甲基立枯磷乳油 1 000 倍液，隔 7～10 天 1 次，连续防治 2～3 次，可有效地控制大葱、洋葱小菌核病的发生与危害。

297. 怎样防治大葱、洋葱炭疽病？

大葱、洋葱炭疽病主要危害叶、花茎和鳞茎。叶初生近纺锤形不规则淡灰褐色至褐色病斑，其上生许多小黑点，严重的上部叶片枯死；鳞茎染病，外层鳞片生出圆形暗绿色或黑色斑纹，扩大后连片，病斑上散生黑色小粒点。

病菌随病残体在土壤中和染病的鳞茎上越冬，靠雨水冲溅传播蔓延。10～32℃均可发病，26℃最适。在多雨年份，尤其是鳞茎生长期遇阴雨连绵或排水不良，低洼地发病重。

收获后及时清除田间病残体，与非葱类作物实行2年以上轮作，种植抗病品种，发病初期喷洒40%多·硫悬浮剂600～800倍液，或80%炭疽福美可湿性粉剂800倍液、50%甲基硫菌灵可湿性粉剂500倍液、70%甲基硫菌灵1 000倍液加75%百菌清可湿性粉剂1 000倍液，隔10天左右1次，防治1～2次，就会减轻大葱、洋葱炭疽病的发生。

298. 如何识别大蒜叶枯病？怎样进行防治？

大蒜叶枯病主要危害叶或花梗。叶片染病初呈花白色小圆点，扩大后呈不规则形或椭圆形灰白色或灰褐色病斑，其上生出黑色霉状物，严重时病叶枯死。花梗染病易从病部折断，最后在病部散生许多黑色小粒点。危害严重时不抽薹。

病原菌主要随病残体遗落土中越冬，翌年引起初侵染，发病后病斑上产生的病原菌可进行多次再侵染。该菌常伴随霜霉病或紫斑病混合发生。

要想减轻大蒜叶枯病的危害就应及时清除被害叶和花梗，加强田间管理，合理密植，雨后及时排水，提高寄主抗病能力。并且在发病初开始喷洒75%百菌清可湿性粉剂600倍液，或50%扑海因可湿性粉剂1 500倍液、64%杀毒矾可湿性粉剂500倍液、50%琥胶肥酸铜可湿性粉剂500倍液、60% 琥·乙膦铝可湿性粉剂500倍液、1∶1∶100波尔多液，隔7～10天1次，连续防治3～4次。

299. 在田间如何识别大蒜煤斑病？怎样防治？

大蒜煤斑病主要危害叶片。叶片上初生苍白色小点，逐渐扩大后形成长椭圆形或梭形病斑，中央枯黄色，边缘红褐色，外围黄色，并迅速向叶片两端扩展，尤以向叶尖方向扩展的速度最快，致叶尖扭曲枯死。病斑中央深橄榄色，湿度大时呈绒毛状，干燥时呈粉状。病害流行时一张叶片往往有数个病斑，致全株枯死。其上着生较厚的深橄榄色绒毛状物，有别于大蒜叶枯病。

病菌在病残体上越冬或越夏，成为田间的初侵染源，也可在高海拔地区田间生长的大蒜植株上越夏，随风传播，从苗期到鳞茎膨大期均可发病，植株生长不良或阴雨潮湿多露天气及生长后期发病重，品种间抗病性有差异。

可根据各地条件选用抗病良种。适时播种，合理密植，施足底肥，及时追肥，施用氮、磷、钾全效性有机肥，或增施钾肥及腐殖质肥，加强田间管理，提高大蒜的抗病力。清除病残体，特别是越夏的病残体，应在播种前烧毁，带有病残体的肥料不能作种肥或基肥。药剂防治，可选用65%代森锌可湿性粉剂400～600倍液，或1∶1∶100波尔多液，于发病初期开始喷洒，隔7～10天1次，连续防治2～3次。

300. 大蒜锈病的危害与防治方法是怎样的？

大蒜锈病主要侵染叶片和假茎。发病初期为梭形褪绿斑，其后在表皮下现出圆形或椭圆形稍凸起的泡斑，表皮破裂后散出橙黄色粉状物，病斑四周常有黄色的圈，危害严重时病斑连片致全叶黄枯，植株也提前枯死。生长后期，未破裂的病斑变成黑色。病菌除侵染大蒜外，还可危害葱、洋葱、韭菜等。

为了减轻大蒜锈病的危害，如紫皮蒜、小石口大蒜、舒城蒜等品种较耐病，可因地制宜选用。避免葱蒜混种，注意清洁田园以减少初侵染源。适时晚播，合理施肥，减少灌水次数，杜绝大水漫灌。遇有降雨多的年份，早春要及时检查发病中心，喷药预防。发病初期，选用15%三唑酮可湿性粉剂1 500倍液，或20%三唑酮乳油2 000倍液、97%敌锈钠可湿性粉剂300倍液、25%敌力脱乳油3 000倍液，或25%敌力脱乳油4 000倍液加15%三唑酮可湿性粉剂2 000倍液、70%代森锰锌可湿性粉剂1 000倍液加15%三唑酮可湿性粉剂2 000倍液，隔10～15天用药1次，防治2～3次。

☞ 301. 大蒜细菌性软腐病是什么样的？如何进行药剂防治？

大蒜感染软腐病后，先从叶缘或中脉发病，沿叶缘或中脉形成黄白色条斑，可贯穿整个叶片，湿度大时，病部呈黄褐色软腐状。一般脚叶先发病，后逐渐向上部叶片扩展，致全株枯黄或死亡。病菌主要在遗落土中尚未腐烂的病残体上存活越冬，进入雨季引起大蒜软腐，尤其早播、排水不良或生长过旺的田块发病重，对产量有明显影响。干旱时可自行缓解。

发病初期喷洒77%可杀得可湿性微粒粉剂500倍液，或50%琥胶肥酸铜可湿性粉剂500倍液、12%绿乳铜乳油500倍液、14%络氨铜水剂300倍液、72%农用硫酸链霉素可溶性粉剂4 000倍液，隔7～10天1次，视病情连续防治2～3次。

302. 大蒜鳞茎腐烂病如何进行防治?

大蒜鳞茎腐烂病是贮藏、运输过程中的主要病害。防治方法从下面几个方面考虑:

①收获前在田间喷 1∶1∶150 波尔多液。

②收获时防止机械损伤。

③低温贮藏,温度控制在 0℃左右,保持通风干燥,能有效地防止各种腐烂病的发生。

(二)主要虫害及其防治

303. 造成大蒜烂根的害虫是什么? 怎样防治?

危害大蒜引起烂根的害虫主要是葱蝇,其发生危害特点与防治,参见根蛆的发生与防治有关内容。

304. 韭蛆有何危害特点? 如何防治?

韭蛆又称韭菜迟眼蕈蚊,幼虫在地下部钻食假茎和鳞茎,致使韭菜叶枯黄而萎蔫,重者鳞茎腐烂,严重时整畦毁种或毁棚。

韭蛆在华北地区每年发生 4~5 代,4~6 月份、9 月下旬至 10 月中旬是保护地和露地韭菜被害盛期。温室生产的虫源是韭蛆随韭根传入,因环境条件适宜,12 月份至翌年 2 月份为严重危害期。成虫对葱蒜类气味有明显趋性,喜腐败物,喜在阴湿弱光环境下活动,上午 9~11 时为飞翔、交配盛期。卵多堆产,少数散产,主要产于韭菜基部与土壤间的缝隙、叶鞘缝隙及土块下。初孵幼虫先危害近地面的烂叶、伤口和幼嫩部分，后蛀入茎内，再转向根茎下部危害，随寄主腐烂而达髓部。老熟幼虫多离开寄主到浅土层内做薄茧化蛹。

主要防治方法：

①加强管理。苗床更换新土，育苗时浸种催芽，促进早发，减轻受害。移栽时选择无蛆鳞茎。韭菜萌芽前清除枯叶和杂草，晒根晾土；深施腐熟的有机肥。

②药剂防治。在韭菜移栽时，用50%辛硫磷乳油1 000倍液浸根；在成虫羽化盛期上午9～11时每667 m^2用50%辛硫磷乳油50 mL，或50%马拉硫磷乳油50 mL，或80%敌百虫可溶性粉剂50～60 g，对水喷施。在幼虫危害盛发期，当韭菜尖开始变黄时，可选用50%辛硫磷乳油800倍液，或40%乐果乳油800倍液，或25%喹硫磷乳油1 000倍液喷浇灌根。

305. 葱蓟马有何危害特点？如何防治？

葱蓟马是一种小型昆虫，体长1～1.5 mm，淡褐色，以成虫和若虫吸食心叶和嫩芽汁液，危害植物的心叶、嫩芽。因虫体小，不易被察觉。葱被害后，形成许多细小的灰白色或黄白色斑纹，严重时可使葱叶失水下垂，发黄干枯，造成减产。还可传播病毒病。

该虫一年发生多代，以成虫或若虫在葱蒜的叶梢内、病残株、杂草及土壤中越冬，也可以蛹在土壤中越冬，在南方可周年繁殖危害。成虫活跃，能飞善跳，又能通过风力传播到较远的地方。怕阳光，白天多在叶背或叶腋危害，夜间或阴天在叶面危害较重。可进行孤雌生殖，卵散产于茎叶组织中。初孵幼虫集中在葱叶基部危害，稍大即分散。在土壤中化蛹和羽化。

主要防治方法：

①在早春清除田间杂草和病株残体，减少越冬虫源。大葱生长季节要勤除草、多浇水，使表层土壤板结，以不利于若虫入土和羽化。

②在成虫盛发期，每 667 m^2 用 2.5％菜喜悬浮剂 35～50 mL，或 40％甲基辛硫磷乳油 25～50 mL，对水喷雾，隔 7～10 天喷 1 次，连续 2～3 次。

306. 韭菜跳盲蝽有哪些发生危害特点？如何防治？

韭菜跳盲蝽主危害韭菜、大葱。成、若虫刺吸韭菜，产生白色至浅褐色斑点，严重的每平方米有虫近千头，整株叶片变黄枯萎。成虫黑色，有光泽。发生世代不详，山东潍坊一带 2 月下旬，韭菜和葱田可见成虫活动，一直持续到秋天，11 月中旬仍可见大量成虫和若虫。

主要防治方法：

喷洒 21％灭杀毙乳油 1 000 倍液，2.5％溴氰菊酯或 20％氰戊菊酯 2 000 倍液，16％顺丰 3 号乳油 1 500 倍液，25％喹硫磷乳油 1 000 倍液，50％辛硫磷乳油 1 500 倍液等。采收前 7 天停止用药。

307. 葱黄寡毛跳甲有哪些发生危害特点？如何防治？

葱黄寡毛跳甲主要危害大葱、洋葱、韭菜、大蒜等。成、幼虫均危害，幼虫分散或集中在韭根中，取食须根，致地上部叶片枯黄、凋萎或生长不良。成虫在地上部取食叶片，成缺刻或孔洞，黑色粪便附在其上。在山东潍坊每年发生2代，以幼虫在根部周围土壤中1 cm深处越冬。越冬幼虫于翌年3月上旬移至5～10 cm处危害，5月上旬开始化蛹，5月中旬成虫始见，幼虫龄期不整齐，春季虫量大，5月中旬至11月上旬一直延续不断。卵历期13.9天，蛹历期1～4天，成虫寿命30多天，一般降雨或浇水2～3天后成虫大量羽化出土，卵多产在土下根际处，产卵期约1个月，每雌产卵175粒。

防治方法：

①冬灌或春灌可杀灭部分幼虫。

②施用充分腐熟的有机肥，发现韭蛆危害时不要再追施粪肥，应改用化肥，头刀、二刀后随水灌2次氨水，但不要过量。

③成虫盛发期喷洒75%辛硫磷乳油1 000倍液。

④幼虫盛发期灌75%辛硫磷800倍液，或Bt乳剂400倍液与50%辛硫磷乳油1 000倍液混合后灌根。采收前7天停止用药。为防止农药中毒，韭菜田严禁使用3911、1605、氟乙酰胺等剧毒农药。

十、其他蔬菜无公害生产病虫害防治

(一)主要病害及其防治

☞ 308. 菠菜霜霉病是由什么引起的？危害症状是怎样的？

菠菜霜霉病是由植物病原真菌引起的病害。主要危害叶片。病斑初呈淡绿色小点，边缘不明显，扩大后呈不规则形，大小不一，直径 3～17 mm，叶背病斑上产生灰白色霉层，后变灰紫色。病斑从植株下部向上扩展，干旱时病叶枯黄，湿度大时多腐烂，严重的整株叶片变黄枯死，有的菜株呈萎缩状。该病在菠菜种植区广泛分布。

☞ 309. 菠菜霜霉病的发病条件是什么？如何防治？

菠菜霜霉病的病菌在被害的种子上或在病残叶内越冬，翌春借气流、雨水、农具、昆虫及农事操作传播蔓延，由寄主表皮或气孔侵入，发病后，可在田间进行多次再侵染。低温高湿条件下，或种植密度过大、积水及早播发病重。

主要防治方法：

①早春在菠菜田内发现系统侵染的萎缩株，要及时拔

除，携出田外烧毁。

②重病区应实行2～3年轮作，加强栽培管理，做到密度适当，科学灌水，降低田间湿度。

③发病初期开始喷洒40%乙膦铝可湿性粉剂200～250倍液，或58%甲霜灵·锰锌可湿性粉剂500倍液、64%杀毒矾可湿性粉剂500倍液、70%乙膦锰锌可湿性粉剂500倍液、72.2%普力克水剂800倍液、72%霜霸可湿性粉剂700倍液、69%安克锰锌可湿性粉剂1 000倍液，隔7～10天1次，连续防治2～3次。

310. 芹菜感染叶斑病后产生什么样的症状？

芹菜叶斑病又称早疫病，是由真菌引起的病害。主要危害叶片。叶上初呈黄绿色水渍状斑，后发展为圆形或不规则形，大小4～10 mm，病斑灰褐色，边缘色稍深，严重时病斑扩大汇合成斑块，终致叶片枯死。茎或叶柄上病斑椭圆形，3～7 mm，灰褐色，稍凹陷。发病严重的全株倒伏。高湿时，上述各病部均长出灰白色霉层。

311. 芹菜叶斑病主要靠什么传播？什么条件下发病较重？

芹菜叶斑病菌附着在种子或病残体上及病株上越冬。春季条件适宜，病菌通过雨水飞溅、风及农具或农事操作传播，侵染芹菜。

高温多雨、夜间结露重、持续时间长，易发病。尤其缺水、缺肥、灌水过多或植株生长不良时发病重。

312. 芹菜叶斑病的主要防治方法是什么?

①选用耐病品种,如津南实芹 7 号。

②从无病株上采种,必要时用 48℃温水浸种 30 min。

③与其他作物实行 2 年以上轮作。

④合理密植,科学灌溉,防止田间湿度过高。

⑤发病初期喷洒 50%多菌灵可湿性粉剂 800 倍液,或 50%甲基硫菌灵可湿性粉剂 500 倍液、77%可杀得可湿性粉剂 500 倍液。

⑥保护地条件下,可选用 5%百菌清粉尘剂,每 667 m^2 用 1 kg,或施用 45%百菌清烟剂,每 667 m^2 用 200 g,隔 9 天左右施药 1 次,连续或交替施用 2～3 次。

313. 芹菜斑枯病的危害症状如何?

芹菜斑枯病又称叶枯病,也是由真菌引起的叶斑类病害,芹菜叶、叶柄、茎均可染病。有两种危害症状:一种是老叶先发病,后传染到新叶上,叶上病斑多散生,大小不等,直径 3～10 mm,初为淡褐色油渍状小斑点,后逐渐扩大,中部呈褐色坏死,外缘多为深红褐色且明显,中间散生少量小黑点。另一种开始不易与前者区别,后中央呈黄白色或灰白色,边缘聚生很多黑色小粒点,病斑外常具一圈黄色,病斑大小不等。叶柄或茎部染病,病斑褐色,长圆形稍凹陷,中部散生黑色小点。目前该病已成为冬春保护地芹菜的重要病害,对产量和质量影响很大。

314. 芹菜斑枯病的发病规律与防治方法是怎样的?

芹菜斑枯病菌主要在种皮内或病残体上越冬,而且可以存活 1 年以上。播种带菌种子,出苗后即染病,在育苗畦内传播蔓延。在病残体上越冬的病原菌,遇适宜温、湿度条件,便借风或雨水飞溅传到芹菜上,侵染芹菜后 1 周左右,病部又产出病菌的孢子进行再侵染。

该病在冷凉和高湿条件下易发生,气温 20～25℃,湿度大时发病重。此外,连阴雨或白天干燥,夜间有雾或露水及温度过高过低,植株抵抗力弱时发病重。

主要防治方法:

①选用抗病品种,如津南实芹、冬芹、夏芹、津芹、天马、上海大芹、文图拉、美国玻璃脆、西芹 3 号、春丰等。

②选用无病种子或对带病种子进行消毒。从无病株上采种或采用存放 2 年的陈种。如采用新种要进行温汤浸种,即 48～49℃温水浸 30 min,边浸边搅拌,后移入冷水中冷却,晾干后播种。

③加强田间管理,施足底肥,看苗追肥,增强植株抗病力。

④保护地栽培要注意降温排湿,白天控温 15～20℃,高于 20℃要及时放风,夜间控制在 10～15℃ ,缩小日夜温差,减少结露,切忌大水漫灌。

⑤保护地芹菜苗高 3 cm 后有可能发病时,施用 45%百菌清烟剂熏烟,每 667 m^2 用 200～250 g,或喷洒 5%百菌清粉尘剂,每 667 m^2 用 1 kg。露地可选喷 75%百菌清可湿性粉剂 600 倍液,或 60%琥·乙膦铝可湿性粉剂 500

倍液、64%杀毒矾可湿性粉剂500倍液、40%多·硫悬浮剂500倍液、12%绿乳铜乳油500倍液、47%加瑞农可湿性粉剂500倍液，隔7～10天1次，连续防治2～3次。

315. 什么是芹菜软腐病？如何防治？

芹菜软腐病是由细菌引起的病害，主要发生在芹菜的叶柄基部或茎上。先出现水浸状、淡褐色纺锤形或不规则形的凹陷斑，后呈湿腐状，变黑发臭，仅残留表皮。病原细菌在土壤中越冬，从芹菜伤口侵入，借雨水或灌溉水传播蔓延。该病在生长后期湿度大的条件下发病重。有时与冻害或其他病害混发。

主要防治方法：

①实行2年以上轮作。

②定植、松土或锄草时避免伤根；培土不宜过高，以免把叶柄埋入土中；雨后及时排水；发现病株及时挖除并撒入石灰消毒；发病期减少浇水或暂停浇水。

③发病初期开始喷洒72%农用硫酸链霉素可溶性粉剂或新植霉素3 000～4 000倍液、12%绿乳铜乳油500倍液、50%琥胶肥酸铜可湿性粉剂500～600倍液、95%CT杀菌剂水剂(醋酸铜)500倍液，隔7～10天1次，连续防治2～3次。

316. 芹菜病毒病的危害和防治方法是怎样的？

芹菜病毒病全株染病。初期叶片皱缩，呈现浓、淡绿色或黄色斑块，表现为明显的黄斑花叶。严重时，全株叶片皱缩不长或黄化、矮缩。田间主要通过蚜虫传播，也可通过人工操作接触摩擦传毒。栽培管理条件差、干旱、蚜虫数量多发病重。

防治方法主要采取防蚜、避蚜措施进行防治。其次是加强水肥管理,提高植株抗病力,以减轻危害。其他方法参见番茄病毒病。

317. 芹菜菌核病的危害和防治方法是怎样的?

芹菜菌核病分布广泛,全生育期均可发生,主要危害茎。无论幼苗还是成株发病,均从茎基部开始出现褐色水渍状软腐,幼苗很快倒折死亡,成株尚能存活一段时间。湿度大时,病部生有繁茂的棉絮状白色菌丝,并向周围植株蔓延,病组织逐渐腐烂,但无异味(这是与芹菜软腐病的根本区别),后期在菌丝间形成黑色坚硬鼠粪状的菌核。

菌丝生长温度为 23℃左右,棚室塑料覆盖栽培芹菜,常因棚室内低温、通风不良、湿度大而导致严重发病。发病决定因素是湿度,湿度越大发病越重。

主要防治方法:加大通风换气,尽量减少棚室内的空气湿度。药物防治可用 40%菌核净可湿性粉剂 1 000 倍液,50%多菌灵或甲基托布津 500 倍液,每 7~10 天喷 1 次,连喷 2 ~3 次,为了降湿防病最好喷施粉尘效果更好。

318. 莴苣感染霜霉病后产生什么样的症状?如何防治?

莴苣霜霉病可危害莴苣的幼苗、成株,以成株受害重,主要危害叶片。病叶由植株下部向上蔓延,最初叶上生淡黄色近圆形或多角形病斑,5~20 mm,潮湿时,叶背病斑长出白霉,后期病斑枯死变为黄褐色并连接成片,致全叶干枯。

病菌在南方气温高的地区，无明显越冬现象。在北方则在种子内或秋播莴笋上，或随病残体在土壤中越冬，翌年借风雨或昆虫传播，从寄主的表皮或气孔侵入。在阴雨连绵的春末或秋季发病重；栽植过密，定植后浇水过早、过多，土壤潮湿或排水不良易发病。

主要防治方法：

①选用抗病品种。凡根、茎、叶带紫红或深绿色的表现抗病，如红皮莴苣、尖叶子、青麻叶莴苣较抗病。

②加强栽培管理。合理密植，注意排水，降低田间湿度；收获后清洁田园；实行 2～3 年轮作。

③药剂防治。参照菠菜霜霉病。

☞ 319. 莴苣腐败病的危害症状是什么样的？

莴苣腐败病又称黑腐病、细菌性叶斑病，主要危害肉质茎，也危害叶片。肉质茎染病，受害处先变浅绿色，后转为蓝绿色至褐色，病部逐渐崩溃，从近地面处脱落，全株矮化或茎部中空；叶片染病产生不规则形水渍状褐色角斑，然后颜色变淡，干枯呈薄纸状，条件适宜时可扩展到大半个叶子，周围组织变褐枯死，但不软腐。

☞ 320. 莴苣腐败病靠什么传播？如何防治？

莴苣腐败病菌在病残体上或种子内越冬，第二年侵入幼苗叶片。远距离传播主要靠种子，在田间借雨水、昆虫、肥料传播蔓延。高温高湿条件下易发病，地势低洼、重茬及害虫危害重的地块发病重。

主要防治方法：

①与葱蒜类、禾本科作物实行 2～3 年以上轮作。

②施用日本酵素菌沤制的堆肥。选用无病种子，雨后及时排水，注意防治地下害虫。

③发病初期开始喷洒 30%氧氯化铜悬浮剂 800 倍液，或 30%绿得保悬浮剂 300～400 倍液、50%琥胶肥酸铜(DT)可湿性粉剂 500 倍液、70%琥·乙膦铝(DTM)可湿性粉剂 500 倍液、25%噻枯唑可湿性粉剂 500～1 000 倍液、72%农用硫酸链霉素 3 500～4 000 倍液、47%加瑞农可湿性粉剂 1 000 倍液，667 m^2 喷对好的药液 50 L，隔 10 天左右喷 1 次，防治 1～2 次。采收前 3 天停止用药。

321. 芦笋茎枯病应如何防治？

①结合回土平垄，彻底清理残桩和地上母茎，铲除田间杂草。

②及时割除死株和病株，带出田外处理，再留新出嫩茎作母茎，新母茎长出后还需定期摘除病残枝叶。

③适时打顶、整枝打杈，摘除雌株上的浆果，并立上枝条搭架，防止倒伏。

④注意抗旱排涝。多雨时要立即开沟排水降渍，做到雨停田里无积水；如遇秋旱及时隔行浇小水，有条件的进行喷灌或滴灌，切忌大水漫灌。

⑤药剂防治。新留母茎长至 15 cm 时用 50%多菌灵或 32.5%芦笋青 2 号 40 倍液涂茎。母茎分枝发生后，隔 7～10 天，轮流交替使用下述药液喷雾 1 次：32.5%芦笋青 2 号 600 倍液，50%多菌灵 500 倍液，50%异菌脲 1 000～1 500 倍液，70%甲基托布津 700 倍液。

☞ 322. 蕹菜叶斑病是什么样的？怎样防治？

蕹菜叶斑病主要危害叶片，有两种危害状：一种是引起圆形至多角形灰褐色或灰白色叶斑，小而多，后期病斑中部褪色，斑点脱落后成穿孔，有时也危害叶柄和茎。另一种产生圆形或近圆形褐色至深褐色病斑，有清晰轮纹，中央灰白色，病情严重时，病斑多相互融合成大块状，病部常生稀疏的灰色绒毛状霉。

病菌随病残体在土壤中越冬，第二年进行初侵染，发病后，病部产生的病原菌孢子借气流或昆虫传播蔓延，可进行再侵染。

主要防治方法：选用大鸡白、大鸡黄、白壳、丝蕹、剑叶等抗逆性较好的品种。及时清除被害叶片和花梗以减少侵染源。加强田间管理，合理密植，雨后及时排水，提高寄主抗病能力。于发病初开始喷洒 75％百菌清可湿性粉剂 600 倍液，或 50％扑海因可湿性粉剂 1 500 倍液、70％甲基硫菌灵可湿性粉剂 600 倍液、50％琥胶肥酸铜可湿性粉剂 500 倍液、30％绿得保悬浮剂 400 倍液、30％氧氯化铜悬浮剂 800 倍液，隔 7～10 天 1 次，连续防治 3～4 次。采收前 7 天停止用药。

☞ 323. 茼蒿炭疽病产生什么样的症状？发病规律是怎样的？

茼蒿炭疽病主要危害叶片和茎。叶片染病初期生黄白色至黄褐色小斑点，后扩展为不定形或近圆形褐斑，边缘稍隆起，大小 2～5 mm；茎部染病初生黄褐色小斑，后扩展为长条形或椭圆形稍凹陷的褐斑，病斑绕茎 1 周后，病茎褐变收缩，致病部以上或全株枯死，湿度大时，病部溢出红褐色黏液。

茼蒿炭疽病菌在病残体上存活越冬，借雨水溅射及小昆虫活动传播蔓延。在南方田间菊科蔬菜及花卉周年存在，病菌在寄主作物间辗转传播危害，无明显的越冬期。通常温暖多湿的天气及生态环境，有利该病发生流行，施氮肥过多过重、植株生势过旺或反季节栽培发病重。

324. 如何防治茼蒿炭疽病？

对于茼蒿炭疽病的防治：一是抓好栽培防病，注意适当密植，清沟排渍，施用日本酵素菌沤制的堆肥或腐熟有机肥，避免偏施过施氮肥，使植株壮而不过旺，稳生稳长，增强抗病力；二是在植株生长期结合喷施植宝素、增产菌等生长促进剂或混入杀菌剂作根外施肥，可促进植株早生快发，减轻发病。杀菌剂可选用70%多菌灵可湿性粉剂1 000倍液加75%百菌清可湿性粉剂1 000倍液，或70%代森锰锌可湿性粉剂500倍液、36%甲基硫菌灵悬浮剂500倍液、50%苯菌灵可湿性粉剂1 500倍液、80%新万生可湿性粉剂500～600倍液，每667 m^2 喷对好的药液55 L，隔7～10天喷1次，连续防治2～3次。采收前7天停止用药。

325. 什么是山药枯萎病？如何防治？

山药枯萎病俗称死藤，主要危害茎基部和地下块根。初在茎基部出现梭形湿腐状的褐色斑块，后病斑向四周扩展，茎基部整个表皮腐烂，致使地上部叶片逐渐黄化、脱落，藤蔓迅速枯死，剖开茎基，病部变褐。块根染病，产生圆形至不规则形暗褐色病斑，细根及山药块根内部也变褐色，干腐，严重的整个山药变细变褐。贮藏期该病可继续扩展。病菌在土壤中存活，条件适宜即有发病可能，收获后带有病菌的山药及繁殖用的山药尾子，仍可继续发病，一直延续到第二年下种。高温阴雨、地势低洼、排水不良、施氮过多、土壤偏酸均有利于发病。该病危害日趋严重，是生产上潜在的威胁，应当重视。

主要防治方法：

①选择无病的山药尾子做种。必要时在栽种前用70%代森锰锌可湿性粉剂1 000倍液浸泡山药尾子10～20 min后下种。

②入窖前在山药尾子的切口处涂1∶50倍式石灰浆预防腐烂。

③施用日本酵素菌沤制的堆肥。

④6月中旬开始用50%多菌灵可湿性粉剂600～700倍液，或70%代森锰锌干悬粉500倍液、50%苯菌灵可湿性粉剂1 500倍液喷淋茎基部，隔15天左右1次，共防5～6次。

☞ 326. 姜腐烂病是怎样危害的？

姜腐烂病又称姜细菌叶枯病或烂姜，主要危害根茎，初在茎基部或根茎上半部出现黄褐色水渍状病变，逐渐失去光泽，姜从外部逐渐向内软化腐败，仅留表皮，内部充满灰白色具硫化氢臭味的汁液。根茎染病初呈浅黄褐色至暗紫色病变，后亦变成黄褐色腐烂，致使叶尖或叶脉呈鲜黄色至黄褐色，叶缘上卷，病叶凋萎早落。

姜腐烂病是一种由细菌引起的病害，病原细菌主要在贮藏的根茎里或随病残体留在土壤中越冬或越夏，带菌根茎成为田间主要初侵染源，并可通过根茎进行远距离传播。在田间病菌靠风雨、灌溉水、地下害虫及农事操作接触传播蔓延。病原细菌从伤口或叶片上的水孔侵入，引致根茎腐烂或植株枯死。土温 28～30℃、土壤湿度高易发病。

327. 如何防治姜腐烂病?

①选用密轮细肉姜、疏轮大肉姜等耐涝品种和无病种姜，必要时切开种姜用 1∶1∶100 倍式波尔多液浸20 min，也可用草木灰封住伤面，以避免病原菌从伤口侵入。

②选择高燥、通风好的田块种姜，低洼地应做畦或起高垅，施用日本酵素菌沤制的堆肥或充分腐熟的有机肥和草木灰，发现病株马上拔除，集中深埋或烧毁，病穴撒施石灰消毒，严防病田的灌溉水流入无病田中。

③有条件的应与水稻等禾本科作物实行 2～3 年轮作。

④发病初期浇灌 72%农用硫酸链霉素 4 000 倍液，或抗菌剂 401 水剂 800～1 000 倍液、70%敌克松可湿性粉剂 600 倍液、50%琥胶肥酸铜可湿性粉剂 500 倍液、30%碱式硫酸铜(绿得保)悬浮剂 400 倍液。此外，要注意防治地下害虫。

⑤种姜收获后，先晾晒几天后，放在 20～33℃温度条件下热处理 7～8 天，促其伤口愈合，同时发现病姜及时剔除后，进行贮藏，窖温控制在 12～15℃为宜。

328. 姜瘟病的危害特点及发病规律是什么?

姜瘟病主要危害姜根、茎和叶。肉质茎的病斑初呈水渍状，黄褐色，无光泽，后期内部组织逐渐软化腐烂，仅残留表皮，挤压病部可流出污白色淘米水样汁液，有恶臭味。根部病斑黄褐色，可使根糜烂。地上茎发病，病斑呈暗紫色，内部呈褐色腐烂，残留纤维。叶片发病后，叶色变黄，边缘卷曲，呈凋萎状，初期叶片白天萎垂夜间恢复，2～3 天后即不再恢复，全株叶片下垂枯死。

引起姜瘟病的病菌在种姜内或土壤中越冬，姜种带菌可作远距离传播。在田间通过流水、地下害虫传播蔓延，从根茎部伤口侵入植株危害。高温高湿、时晴时雨，特别是土壤温度变化剧烈易发病。6～9 月份，大雨后 1 周左右，田间常出现发病高峰。另外，长期连作、土壤偏酸、地势低洼、排水不良、土质黏重、偏施氮肥及地下害虫多的地块病害也较重。

329. 怎样进行姜瘟病的防治？

姜瘟病的主要防治措施是：一般病田实行 3 年轮作，重病田实行 4～5 年轮作，与苎麻、大蒜轮作，效果较好。选育无病种姜或对种姜进行消毒。种植前可用 40%福尔马林 100 倍液浸闷 6 h，或用 30%氧氯化铜可湿性粉剂 800 倍液浸 6 h。种姜切口蘸草木灰后下种。选择干燥、通风良好的地块种姜。低洼地要起高畦，疏通沟渠，以利于田间排水。多施基肥，特别是多施草木灰。发现病株立即拔除处理，并在病穴处撒施石灰。在发病初期，每 667 m^2 用 1%新植霉素可溶性粉剂 20 g，或 72%农用硫酸链霉素可溶性粉剂 18～28 g，或 75%敌克松可溶性粉剂 250～375 g，对水喷雾，也可用 1∶1∶100 波尔多液喷雾，每隔 10～15 天 1 次，连续 2～3 次。

☞ 330. 姜炭疽病的危害特点和防治方法是什么?

姜炭疽病主要危害叶片。初在叶尖或叶缘出现水渍状小斑,后向下向内扩展成椭圆形至不规则形褐斑,有时具轮纹,常见数个病斑连成大的斑块,最终叶片变褐干枯。潮湿时病斑表面散生小黑点。病菌随病残体在土壤中越冬,通过雨水和昆虫活动传播蔓延。连作、田间湿度大、种植过密等均有利于发病。

姜炭疽病的防治:一是要合理施肥,清沟排渍;喷洒各种植物生长调节剂,促进植株健壮;及时清除病叶,减少田间侵染源;同时可与非姜科、非茄科类作物轮作。二是在发病初期及时用药防治,每 667 m^2 用 70%甲基托布津可湿性粉剂 24.6～33.6 g,或 50%硫悬浮剂 200～300 g,或 10%双效灵水剂 200～500 mL,或 50%施保功可湿性粉剂 37.6～75 g,对水喷雾,隔 10～15 天 1 次,连续 2～3 次。

☞ 331. 芋疫病的危害特点与发病规律如何?怎样防治?

芋疫病主要危害叶片、叶柄及球茎。叶片发病初期呈现黄褐色圆形小斑,后逐渐扩大融合成圆形至不规则形轮纹斑,病斑边缘有暗绿色水渍状环带,湿度大时,病斑上生有白霉,并常伴随黄色至淡褐色液滴,后期病斑中央常穿孔,严重的仅留叶脉。叶柄上的病斑黑褐色,形状不规则,大小不等,病斑连片并绕茎扩展,常致叶柄腐烂折断,叶片萎蔫。地下球茎受害,病部变褐腐烂。

芋疫病菌主要在种芋球茎内或病残体及水芋上越冬。带菌种芋常成为发病中心,病菌通过气流、雨水传播。雨水多的年份发病重，田间低洼积水、种植过密、生长过旺时发病也较重。

主要防治方法：

①因地制宜选用抗病品种，选用无菌芋留种。

②实行 1～2 年（水旱）轮作；田间发现病株及时铲除销毁。

③在田间初见病株时，每 667 m^2 用 50％甲霜铜可湿性粉剂 120～200 g，或 64％杀毒矾可湿性粉剂 120～170 g，或 72.2％普力克水剂 60～100 mL，对水喷雾，隔7～10 天 1 次，连续 3～4 次。

332. 芋污斑病及其防治是怎样的？

芋污斑病只危害叶片，病斑初呈淡黄色，后为淡褐色至暗褐色，圆形或不规则形，边缘不明显，似污渍状，潮湿时，病部有灰黑色霉层，严重时病斑密布全叶，致叶片变黄干枯。病菌在病残体上越冬，通过气流和雨水传播。高温多湿、密植、偏施氮肥、植株衰弱时易发病。

主要防治方法：

①加强田间管理，合理施肥，清沟排渍，及时清除病株残体并销毁。

②在发病初期，每 667 m^2 用 50％硫悬浮剂 200～250 g，或 75％百菌清可湿性粉剂 135～150 g，或 50％多菌灵可湿性粉剂 50～100 g，对水喷雾，每隔 7～10 天 1 次，连续 2～3 次。

☞ 333. 甘薯黑斑病的危害特点是什么？如何进行防治？

甘薯黑斑病的危害在整个生育期和贮藏期均可发生，主要危害薯苗和薯块。薯苗受害多在茎的白色部分产生黑色圆形或椭圆形病斑，稍有凹陷。严重时，幼茎、种薯变黑腐烂，造成死苗，未死的病苗地上部变黄。病苗移栽大田后不能扎根，基部变黑腐烂，枯死。薯块受害，多在伤口处出现黑色或黑褐色病斑，中央稍凹陷，轮廓清楚，病部薯肉变青褐色或墨绿色，有苦味，有毒。潮湿时病部可见灰色霉层和黑色刺毛状物。

病菌在贮藏窖、病薯、大田、苗床土壤中及粪肥中越冬，病薯、病苗是甘薯黑斑病近距离传播和远距离传播的主要途径。多从伤口侵入，也可从根眼、皮孔等自然孔口侵入。

甘薯黑斑病的防治要从建立无病留种田入手，精选入窖种薯。薯苗实行高剪苗。育苗时种薯用70%甲基托布津可湿性粉剂以有效浓度500～1 000 mg/L浸泡10 min，或剪苗后用70%多菌灵可湿性粉剂以有效浓度200 mg/L浸基部10 min。

☞ 334. 怎样识别黄花菜病害？如何防治？

①叶斑病：开始在嫩叶上出现淡黄色的小斑点，以后逐渐扩大呈梭形或纺锤形病斑，最后变成灰白色。常发生在叶片主脉两侧的中部，穿孔后造成水分与养分运输中断，叶片尖端先行枯黄，最后全叶萎黄枯死。

②叶枯病：叶片中部边缘初产生水渍状小点，以后逐渐向上、下蔓延，形成褐色条斑。最后呈灰白色，严重时全叶

枯死。

③锈病:叶片初产生少量黄色粉状斑点,然后扩展到全叶,以致全株枯死。

主要防治方法:

①选用抗病性强、品质好的品种,如沙苑金针菜等。

②加强栽培管理。采完黄花后,应及时割苗,运离黄花地以外。加强肥水管理,在春季出苗前、抽薹前、采收旺期分别追施春苗肥、催苔肥、催蕾肥,每次追肥要以速效氮肥为主,氮、磷、钾三要素配合,冬苗枯死后即用有机肥堆蔸,加深耕作层,促使冬苗早生快发。施肥数量及方法要看天、看地、看苗灵活掌握。原则是差苗多施,壮苗少施;瘦地多施,肥地少施;晴天水施,阴雨天干施。开好排水沟,降低地下水位,防止明涝暗渍。定植后未封行前可在行间、距黄花菜一定距离的地方种植蔬菜、早大豆、花生等,这样不但可以增加收入,还可保护地力。

③药剂防治。叶斑病和叶枯病在发病初期用40%农抗120瓜菜烟草专用型500～600倍液喷雾,每隔7～10天喷1次,连喷2～3次。锈病用石硫合剂防治效果好,气温高、苗嫩时用0.2波美度液;气温低、苗老时用0.4波美度液。

☞ 335. 萝卜黑腐病的危害特点与发病规律如何?

萝卜黑腐病是萝卜的重要病害,全国各地均有发生,分布很广,该病在萝卜幼苗期即可发生,染病的萝卜在贮藏期间可进一步发展,造成严重损失。该病是一种细菌引起的维管束病害,播种带菌的种子,幼苗出土时即可发病,发病后叶片表现为边缘变黄,然后叶脉变黑,从叶缘向内形成

"V"字形或不规则型黄褐色病斑,病菌能沿叶柄发展蔓延到根茎部和根部,使根茎部的维管束变黑,植株叶片枯死,通常萝卜肉根外部的症状不明显,但切开后可见维管束变黑,严重的内部组织干腐,形成黑色空洞,变为空心。

病原菌在种子、种株及病残体中越冬,病菌能从幼苗子叶缘的气孔侵入引起发病。成株期染病,病菌多由叶缘的水孔或害虫咬伤伤口侵入,侵入到植株内的病菌逐层进入维管束,然后向上下扩展。在田间主要借雨水、昆虫等传播,天气多雨、地势低洼及连作的田块发病较重。

☞ 336.怎样进行萝卜黑腐病的防治?

(1)选用无病种子

从无病种株上留种。播种前对种子进行消毒处理:在50℃温水中浸种15～20 min,捞出后投入冷水中冷却,然后沥水晾干再播种。用种子量0.5%的拌种双或福美双拌种。用50%代森铵200倍液浸种15 min,然后洗净晾干后再播种。

(2)药剂处理土壤

播种前每667 m^2 用50%可湿性福美双或65%可湿性代森锌750 g,加细干土15 kg制成药土,进行沟施或穴施。

(3)轮作

与非十字花科植物实行2～3年的轮作。

(4)喷药防治

从发病初期开始选用下列农药喷洒:农用链霉素液,50%代森铵600倍液,50%的福美双500倍液,每667 m^2 用70%的敌克松500～800 g,加水500 kg进行泼浇,每7～10天施药1次,共施2～3次。

337. 甘薯软腐病危害特点与发病规律如何?

甘薯软腐病俗称水烂,是采收及贮藏期的重要病害。薯块染病,初在薯块表面长出灰白色的霉层,后变暗色或黑色,病组织变为淡褐色水浸状,后在病部表面长出大量灰黑色菌丝及孢子囊。黑色霉毛污染周围病薯,形成一大片霉毛,病情扩展迅速,2～3 天整个块根即成软腐状,发出恶臭味。

该病菌存在于空气中或附着在被害薯块上或在贮藏窖越冬,由伤口侵入。病部产生孢子囊借气流传播进行再浸染薯块,有伤口或受冻易发病。发病适温 15～25℃,相对湿度 76%～86%。

338. 怎样进行甘薯软腐病的防治?

防治该病的方法是适时收获,避免冻害,夏薯应在霜降前后收完。收薯宜选晴天,小心从事,避免伤口。入窖前精选健薯,把水汽晾干后适时入窖。提倡用新窖,旧窖要清理干净,或把窖内旧土铲除露出新土,必要时用硫黄熏蒸,每平方米用硫黄 15 g。

对窖贮甘薯应根据甘薯生理反应及气温和窖温变化进行 3 个阶段的管理。一是贮藏初期,即甘薯发干期,甘薯入窖 10～28 天应打开窖门换气,待窖内薯堆温度降至 12～14℃时,窖门关上。二是贮藏中期,即 12 月份至第二年 2 月份低温期,应注意保湿防冻,窖温保持在 10～14℃。三是贮藏后期,即变温期,从 3 月份起要经常检查窖温,及时放风或关门,使窖温保持在 10～14℃之间。

☞ 339. 蔬菜根结线虫应怎样防治?

根结线虫病是蔬菜常发病害之一。根结线虫普遍生存在根系土壤中,在沙性土壤的大棚蔬菜地,更易暴发成灾。根结线虫的寄生范围很广,除辣椒、葱、蒜轻微感染外,其余几乎所有的蔬菜均受其危害,尤其瓜类、茄类和豆类等蔬菜受害最为严重。

根结线虫病的防治应以预防为主,在播种前用药消毒土壤,防止线虫过早侵入土壤和根部。3%米乐尔颗粒剂是目前防治线虫病有效药,每次每 667 m^2 用药量必须在 5 kg 左右,才能有效地控制线虫的危害。但同时要注意,这些药剂对瓜类菜会导致药害,施药后必须覆土再种植,不能使种子或作物根系直接接触药物。施药方法应以开沟条施最佳,这样用药集中,能有效保护根系免受药害,且能提高药效。对于沙壤土,宜用有机肥改良,提高土壤肥力,促进蔬菜快速健康生长,提高抗病能力,同时,亦改变土壤营养特性,减少病害的发生。

(二)主要虫害及其防治

☞ 340. 菠菜潜叶蝇有何危害特点? 怎样防治?

菠菜潜叶蝇以幼虫潜叶食叶肉,仅留下表皮,形成大块状虫道。虫道内残留很多虫粪,使菠菜失去食用价值,影响其品质和产量,严重时全田被毁。

该虫在北方发生普遍,一年发生 3～4 代,以蛹在土壤中越冬,春、秋两季危害严重。成虫多在清晨羽化出土,活泼善飞。卵产在寄主叶背。初孵幼虫在天气适宜时需 1 天时间才能钻入叶肉。幼虫能以腐烂的有机质或粪肥为食完成发育过程。老熟幼虫在叶内或脱叶入土化蛹，越冬幼虫则全部入土化蛹。

主要防治方法：

①收获后及时深翻土壤，可破坏部分入土化蛹的蛹，减少田间虫源。

②施用充分腐熟的有机肥作基肥，可减少潜叶蝇的危害。

③在产卵盛期至卵孵化初期喷药，每 667 m^2 用 80%敌百虫可溶性粉剂 150 g，或 48%乐斯本乳油 50 mL，对水喷雾防治。

341. 甜菜夜蛾、棉铃虫危害芦笋后期应怎样防治？

(1)人工摘卵

结合芦笋整枝打杈，摘除甜菜夜蛾卵块。

(2)药剂防治

在甜菜夜蛾和棉铃虫幼虫 2 龄盛期，结合茎枯病的防治，在上述杀菌剂中轮流选加下述杀虫剂中的一种：①31%久灵 50～75 mL/667m^2；②(48%乐斯本 50 mL＋5%高效氯氰菊酯 50 mL)/667 m^2 或 52.5%农地乐 50～75 mL/667 m^2；③奥绿一号 70～100 mL/667 m^2，隔 7～10 天喷施 1 次，连防 2～3 次，当日喷施时间以下午 6 时以后为宜。

(3)人工捉虫

对漏治高龄幼虫，可采取拍打法，将其震落在预先铺好的塑料薄膜上，集中灭杀，也可在清晨人工捕捉。

342. 怎样防治甘薯小绿龟甲?

甘薯小绿龟甲在南方危害甘薯较为严重。以幼虫取食表皮或绿色组织,留下薄膜。3 龄后食叶成孔洞或缺刻。成虫在田间或薯窖中嗜食薯块,在受害薯内潜道中残存的成虫、幼虫、蛹及排泄物散发出臭味,无法食用,损失率30%～70%。

该虫在南方发生严重,一年发生 5～6 代,以成虫在田边杂草、枯叶、石隙或土缝里越冬。初羽化成虫不甚活动,羽化 1 周后开始交配产卵,卵散产于叶柄、叶脉附近或叶脉分支处。成虫有假死性,能飞翔,太阳猛烈时,多潜伏于叶背或植株基部。老熟幼虫以胶质将尾部黏附在叶背后开始化蛹。气候干燥炎热、土壤龟裂、薯块裸露对成虫取食、产卵有利,易造成猖獗危害。

主要防治方法:

①及时清除田间残枝落叶,铲除田边杂草,消灭越冬虫源。

②在成虫盛发期,每 667 m^2 用 50%辛硫磷乳油 50 mL,或 48%乐斯本乳油 30～50 mL,或 80%敌百虫可溶性粉剂 150 g,对水喷雾防治。

343. 怎样防治甘薯天蛾?

甘薯天蛾俗称芝麻虫,是危害甘薯、蕹菜等蔬菜的大型食叶害虫。以幼虫食叶,严重时能把叶片吃光,影响作物生长发育。

该虫一年发生 2～5 代,以老熟幼虫在土壤中作室化蛹越冬。成虫有趋光性,卵散产于叶背,幼虫孵化后食叶。幼虫老熟后钻进土壤作土室化蛹。

主要防治方法：

①冬、春季节多犁多耙，破坏其越冬环境，促使越冬蛹死亡。

②人工捕杀幼虫。

③在幼虫3龄盛期，每667 m^2 用2.5％溴氰菊酯乳油20～40 mL，或80％敌百虫可溶性粉剂150 g，对水喷雾防治。

344. 芋单线天蛾有何危害特点？怎样防治？

该虫主要发生在南方，是危害芋类作物的大型食叶害虫。幼虫食害芋叶，初龄时仅啮食表皮，成长幼虫则咬食成缺刻或穿孔，并排粪便于叶上，影响其发育。虫口密度大时，叶片往往被吃光而仅残存叶脉。

该虫在广东一年发生6～7代，以蛹在杂草丛中越冬。成虫有趋光性和趋化性，飞翔力强，卵散产于叶背。初孵幼虫先在叶背啮食表皮，成长后咬食叶片成缺刻，大发生时，可吃光全部叶片。老熟幼虫吐丝卷叶化蛹或入土化蛹。

主要防治方法同甘薯天蛾。

345. 甘薯麦蛾有何危害特点？怎样防治？

甘薯麦蛾可危害甘薯、蕹菜等旋花科植物，全国普遍发生。以幼虫吐丝卷叶，在卷叶内取食叶肉，留下白色表皮，状似薄膜。还能危害嫩茎和嫩梢，发生量大时，叶片大量卷缀，严重影响产量。

该虫从北到南一年发生3～9代，以蛹在枯枝落叶中越冬，也可以成虫或幼虫越冬。成虫行动活跃，趋光性强，卵散产于嫩叶中脉或叶脉间，也有的产于新芽、嫩茎上。幼虫活泼，一触即跳跃落地，老熟幼虫在卷叶或土缝中越冬。

主要防治方法：

①清洁田园，烧毁枯枝落叶，消灭越冬虫源；结合田间管理，人工捏杀卷叶中的幼虫。

②在幼虫卷叶前，每 667 m^2 用 20% 氰戊菊酯乳油 20～40 mL，或 48% 乐斯本乳油 30～50 mL，或 80% 敌百虫可溶性粉剂 150 g，或 2.5% 天王星乳油 50～60 mL，对水 50 L 喷雾防治。

346. 姜弄蝶是如何危害的？怎样防治？

姜弄蝶可危害生姜、姜花、艳山姜等姜属植物。以幼虫吐丝黏叶成苞，隐匿其中取食，受害叶呈缺刻或在 1/3 处断落，严重时仅留叶柄。

该虫在南方一年发生 3～4 代，以蛹在草丛或枯叶内越冬。卵散产于叶背。幼虫孵化后爬至叶缘，吐丝缀叶，3 龄后可将叶片卷成筒状叶苞，并于早晚转株危害。老熟幼虫在叶背化蛹。

主要防治方法：

①人工摘除虫苞，收获后及时清理假茎和叶片，烧毁或沤制肥料。

②在幼虫期，每 667 m^2 用 20% 氰戊菊酯乳油 15～30 mL，或 2.5% 天王星乳油 50～60 mL，或 2.5% 溴氰菊酯乳油 20～40 mL，对水喷雾防治。

347. 蜗牛的发生危害有何特点？如何防治？

蜗牛一年繁殖 1 代，以成虫和幼虫在潮湿阴暗处越冬。

越冬场所多在菜田、绿肥田、作物根部或草堆石块下、土缝里。越冬蜗牛于第二年3月初逐渐开始取食，4～5月份成虫交配产卵，并危害多种作物幼苗。到了夏季干旱季节或遇不良气候条件，便隐蔽起来，常常分泌黏液形成蜡状膜将口封住，暂时不吃不动。干旱季节过后，又恢复活动，继续危害秋播作物，最后转入越冬状态。蜗牛雌雄同体，一般异体受精繁殖，每一个体均能产卵。每一成虫可产卵30～235粒，卵多产在潮湿疏松的土里或枯叶下。蜗牛一生多次产卵，但以4～5月份和9月份卵量较大。蜗牛喜阴湿，如遇雨天，昼夜活动危害作物。

主要防治方法：

①农业防治。清洁田园，铲除田边、地头、沟旁、坡上杂草，并撒上生石灰粉，及时除草沤肥，减少蜗牛的孳生地。秋季耕翻土地，可以使一部分卵暴露于表土上，被晒爆裂，同时还可使一部分越冬成虫或幼虫翻到地面冻死或被天敌啄食。雨后晴天除草、松土也可减少虫口密度。

②药剂防治。可采用药粉防治或毒饵诱杀，即在沟边、地头或作物间撒石灰带，每667 m^2 用5～7.5 kg生石灰粉，撒在作物附近；或用蜗牛敌（多聚乙醛）配制成含2.5%～6%有效成分的碎豆饼或玉米粉等毒饵，于傍晚施于田间垅上进行诱杀。

③人工捕捉。人工捕捉成虫和幼虫，或用树叶、杂草、菜叶等先作诱集堆，蜗牛潜伏在诱集堆下，天亮前集中捕捉。

☞ 348. 食用菌有哪些主要害虫？它们是如何危害的？

由于食用菌生产方式多样，危害食用菌害虫种类也较多，其中常见的有30余种。此外许多其他动物也可对食用菌生产构成威胁，一般食用菌生产因虫害可减少经济收入的20%～50%。

食用菌害虫和有害动物的危害主要表现在以下几方面：

①取食危害菌种及菌丝，引起"退菌"。例如眼菌蚊、线虫取食危害菌丝体影响发菌；有害螨类危害菌种并能随菌种扩散而大面积发生；食丝谷蛾危害菌种使木耳难以定植等。

②取食菇蕾和子实体。跳虫、蛞蝓、老鼠、鼠妇、马陆等均直接取食危害食用菌子实体，形成缺刻或毁坏整个子实体，使其丧失商品价值。

③取食培养料并促使培养料霉变。例如，粪蚊、厩腐蝇、菌蚊等幼虫均能取食食用菌的培养料，并在培养料中穿行，导致培养料霉变，不利于食用菌栽培。

④携带传播病虫害。菌蚊、蚤蝇、果蝇等害虫，不仅直接危害食用菌，还是菇房害螨传播蔓延的主要载体；线虫的穿行，也是杂菌在培养料中传播的载体。因此，在害虫大发生之后，随之而来的将是病害继发性流行，给食用菌生产带来毁灭性的打击。

⑤危害贮藏期的食用菌制品，引起霉变、形变而使之失去商品价值。许多仓库害虫如欧洲谷蛾、印度谷螟、赤拟谷盗等都可以严重地危害香菇、木耳等食用菌商品，造成严重

的经济损失。

☞ 349. 菇房害虫中最重要的是哪一类？如何防治？

菇房中发生普遍、数量最大且危害最严重的害虫当属眼菌蚊。眼菌蚊是双翅目眼菌蚊科的昆虫，国内报道危害食用菌、药用菌的眼菌蚊种类就达 20 种之多，其共同特征是成虫复眼在头顶变尖并延伸左右相接，形成“眼桥”。成虫活动活泼，有趋光性，在地面或菇床表面爬行交尾。幼虫细长，白色，头部黑色光亮，生活在有腐殖质的土壤中，咬食钻蛀平菇、蘑菇、金针菇、木耳等食用菌菌丝、子实体及培养料，是食用菌的最重要的害虫类群之一。

眼菌蚊在菇房内可周年繁殖，一年发生 10 代左右。主要以高龄幼虫和蛹于废装料堆的深层越冬。黄河流域菇房内 2 月中下旬可见成虫。成虫在春季 4 月上旬、5 月上旬、5 月中下旬有 3 个发生高峰。幼虫 3 月下旬至 6 月上旬连续危害平菇菌丝、培养料及子实体，以 4 月中旬至 6 月上旬危害最重。入夏之后，随着春菇生产结束、高温季节到来虫量下降。秋季虫量再度回升，但危害不及春季。

越冬虫源基数是影响发生轻重的主要原因之一。眼菌蚊不仅在室内栽培的培养料中周年活动并繁殖，室外的垃圾堆、废料堆也是孳生场所，春季 3 月份越冬代成虫陆续羽化，迁入菇房。越冬代成虫雌性占 95%以上，繁殖势很强，因而冬季温暖的年份，越冬代成活率高，春菇受害较常年严重。

眼菌蚊的防治应从以下几方面着手：

①杜绝虫源。生料栽培前要堆料发酵，以便杀死培养

料中的虫卵和幼虫;门窗安装窗纱,防止室外成虫迁入。搞好环境卫生,及时清除废料。

②改善菇房通透性。高湿或通风不良,往往不利于食用菌正常发育,但却是菌蚊发生的有利条件,因此,适当开窗透气通风,能改善环境条件,抑制菇蚊的发生。

③物理防治。在室内设置 3 W 黑光灯一盏,放水盆,装入废菇(料)浸出液或糖水,滴入几滴敌敌畏,能诱杀大量成虫。

④化学防治。在成虫发生高峰初期,用 10%蚊蝇净烟剂进行熏杀,每 7 天熏 1 次,连续 3 次,基本可保证出菇期不受该虫危害。必要时在初次成虫发生高峰初期可菇房喷药防治,但必须选用无公害农药。施药前应将子实体采收干净,否则易污染或造成药害(如畸形或变脆),影响子实体商品价值,施药后 7 天内不可采收。目前常用药剂及剂量为:2.5% 溴氰菊酯 2 500～3 000 倍液,或 20%杀灭菌酯 2 000～3 000 倍液,或 50%辛硫磷 1 500～2 000 倍液喷雾。

☞ 350. 莴苣虫害应怎样防治?

(1)蚜虫

莴苣蚜虫无翅,成蚜体型较大,赤色。该虫吸食莴苣嫩叶、嫩茎的汁液,使被害叶片变黄皱缩,植株生长不良。防治时要注意清洁田园,铲除杂草,消灭虫源。当蚜虫发生时可用黄板涂机油进行诱杀。药剂防治可采用 40%乐果乳油 1 000～1 500 倍液,或 70%灭蚜松可湿性粉剂 1 000～1 500 倍液喷雾。

(2)种蝇

种蝇幼虫白色,呈蛆状,体细如针,可穿破莴苣幼茎皮表，蛀食内部组织。防治应注意不要施用未腐熟的人粪尿和堆肥，种子不能直接接触肥料。在早晚进行大水温灌，连续 2～3 次，可使种蝇幼虫窒息死亡。药剂防治可用 90%晶体敌百虫 1 000～2 000 倍液喷雾，或用 40%毒死蜱乳油 3 000 倍液。

(3)小地老虎

以幼虫咬断莴苣幼苗近地面的嫩茎进行危害，幼虫为灰褐色至黑褐色。防治应强调清洁田园，清除虫源。可用黑光灯或糖酒醋水液诱杀成虫，糖酒醋水液配制比例为 6∶1∶3∶10，配好后每 100 份溶液中加入 0.1%晶体敌百虫。防治 3 龄前幼虫可喷施 50%辛硫磷乳油 100 倍液，或 20%氰戊菊酯乳油 3 000～4 000 倍液。

(4)蛞蝓

蛞蝓的虫体延长时成纺锤状，上被有透明黏液，可将叶片吃成孔网状。防治方法：深翻土层，清洁田园，减少虫源。加强排水，降低湿度，不给蛞蝓生存活动的适宜环境。药剂防治可用 50%敌敌畏乳油 1 000 倍液，或 0.1～0.2 度石硫合剂喷雾毒杀。

(5)蓟马

蓟马成虫体型小，淡灰黄至深褐色，吸食莴苣汁液。防治方法：在栽培技术上加强灌水和除草。药剂防治可使用 50%乐果乳油 1 500～2 000 倍液，或 20%速灭菊酯乳油 4 000～5 000 倍液进行喷雾。

参考文献

[1] 王就光.蔬菜病虫害防治及杂草防除.北京:中国农业出版社,1990.

[2] 陆家云.植物病害诊断.2版.北京:中国农业出版社,1997.

[3] 王金生.植物病原细菌学.北京:中国农业出版社,2000.

[4] 刘富春.蔬菜病害诊断与鉴定.北京:中国农业出版社,1994.

[5] 李淑琴,等.温室蔬菜病虫害及生理障害的防治.北京:中国农业科技出版社,1992.

[6] 方中达.中国农业植物病害.北京:中国农业出版社,1996.

[7] 郑建秋.现代蔬菜病虫害鉴定与防治手册.北京:中国农业出版社,2004.

[8] 陈一衡,汤贵铭,秦志荣.蔬菜病虫害防治问答.沈阳:辽宁科学技术出版社,1990.

[9] 翁祖信,冯兰香,李宝栋,等.蔬菜病虫害诊断与防治.天津:天津科学技术出版社,1994.

[10] 肖崇刚,陈力.蔬菜病虫害防治新技术.成都:四川科学技术出版社,2000.

[11] 房德化,邹庆道,李桂兰,等.茄果类蔬菜病虫害诊治.北京:中国农业出版社,2000.

[12] 黄仲生,王军,张芝莉.叶菜类蔬菜病虫害识别与防

治.北京:中国农业出版社,2002.
[13] 徐大高,荣晓东.蔬菜无公害生产病虫害防治.广州:广东科学技术出版社,2002.
[14] 刘勇编.无公害蔬菜生产常用农药及使用技术.北京:中国农业出版社,2003.
[15] 刘任,吴洪基.豆类蔬菜病虫害诊治.北京:中国农业出版社,2002.
[16] 李明远,吴钜文.蔬菜用药问答.北京:中国农业出版社,1998.
[17] 易齐,姜克英,王蔚,等.保护地蔬菜病虫害防治.北京:农业出版社,1990.
[18] 朱国仁,张松林,翁祖信.主要蔬菜病虫害综合防治实用技术.北京:农业出版社,1990.
[19] 王爱侠,崔伏香,王克白,等.蔬菜主要病虫害识别与综合防治.北京:中国农业科技出版社,1993.
[20] 刘树生,曹若彬,朱国念.蔬菜病虫草防治手册.北京:中国农业出版社,1995.
[21] 赵海棠,胡芝莲.蔬菜生态图录与防治技术.宁波:宁波出版社,1999.
[22] 刘品贤.温室大棚蔬菜病虫害诊断与防治技术.北京:中国农业出版社,1995.
[23] 易齐,姜克英.露地蔬菜病虫害防治手册.北京:中国农业出版社,2000.
[24] 梁元林,孙庆才,徐明涛,等.新编蔬菜病虫害防治技术.北京:中国农业出版社,1997.
[25] 谭增亮,张炎光,王育义.蔬菜病虫害无公害防治.北京:科学技术出版社,1992.
[26] 王就光,周国珍.保护地蔬菜病虫害无公害防治.北

京:中国农业出版社,2003.
[27] 师迎春,张芸,刘晓策.菜田常用农药手册.北京:中国农业出版社,2000.
[28] 贺献林.温室番茄异常诊治及高效栽培技术.北京:中国农业出版社,2005.
[29] 陈同桂.蔬菜病虫害防治技术.天津:天津科技翻译出版公司,1994.
[30] 王就光,喻楚安,等.蔬菜病虫害防治学.北京:农业出版社,1993.
[31] 黎家文.蔬菜病虫害防治. 长沙:湖南科学技术出版社,1983.
[32] 王洪久.蔬菜病虫害原色图谱.济南:山东科学技术出版社,1994.
[33] 刘保才.蔬菜病虫害识别与防治大全.北京:中国农业出版社,1998.
[34] 陈桂华,蒋学辉,郑永利.十字花科蔬菜病虫害原色图谱.杭州:浙江科学技术出版社,2005.
[35] 梁成华,吴建繁.保护地蔬菜生理病害诊断与防治.北京:中国农业出版社,1994.

图书在版编目(CIP)数据

蔬菜病虫害防治技术问答/刘正坪主编．—北京：中国农业大学出版社，2007.6

（专家与您手拉手系列丛书）

ISBN 978-7-81117-186-0

Ⅰ．蔬… Ⅱ．刘… Ⅲ．蔬菜-病虫害防治方法-问答
Ⅳ．S436.3-44

中国版本图书馆 CIP 数据核字(2007)第 027634 号

书　　名　蔬菜病虫害防治技术问答
作　　者　刘正坪　主编

策划编辑　张秀环　　**责任编辑**　韩元凤
封面设计　郑　川　　**责任校对**　王晓凤　陈　莹
出版发行　中国农业大学出版社
社　　址　北京市海淀区圆明园西路 2 号　　**邮政编码**　100193
电　　话　发行部 010-62818525，8625　　读者服务部 010-62732336
编辑部 010-62732617，2618　　出　版　部 010-62733440
网　　址　http://www.cau.edu.cn/caup　　**e-mail**　cbsszs@cau.edu.cn
经　　销　新华书店
印　　刷　北京时代华都印刷有限公司
版　　次　2007 年 6 月第 1 版　　2012 年 4 月第 16 次印刷
规　　格　850×1 168　　32 开本　　9.75 印张　　207 千字　　彩插 1
定　　价　14.00 元